ORGANIZAÇÕES
INFINITAS

CARO LEITOR,
Queremos saber sua opinião sobre nossos livros.
Após a leitura, curta-nos no **facebook.com/editoragentebr**,
siga-nos no Twitter **@EditoraGente** e
no Instagram **@editoragente**
e visite-nos no site **www.editoragente.com.br**.
Cadastre-se e contribua com sugestões, críticas ou elogios.

Cristiano **Kruel** Junior **Borneli** Piero **Franceschi**

ORGANIZAÇÕES
INFINITAS

O SEGREDO POR TRÁS DAS EMPRESAS
QUE VIVEM PARA SEMPRE

Diretora
Rosely Boschini

Editora
Franciane Batagin Ribeiro

Assistente Editorial
Bernardo Machado

Produção Gráfica
Fábio Esteves

Preparação
Laura Folgueira

Capa
Caroline Oliveira Silva
Sagui Estúdio

Projeto Gráfico e Diagramação
Gisele Baptista de Oliveira

Gráficos
Caroline Oliveira Silva

Revisão
Algo Novo Editorial
Andréa Bruno

Impressão
Plena Print

Copyright © 2021 by Carlos Alberto Borneli Junior, Cristiano Kruel, Piero Franceschi
Todos os direitos desta edição são reservados à Editora Gente.
R. Dep. Lacerda Franco, 300 - Pinheiros
São Paulo, SP - CEP 05418-000
Telefone: (11) 3670-2500
Site: www.editoragente.com.br
E-mail: gente@editoragente.com.br

Dados Internacionais de Catalogação na Publicação (CIP)
Angélica Ilacqua CRB-8/7057

Borneli, Junior
    Organizações infinitas : o segredo por trás das empresas que vivem para sempre / Junior Borneli, Cristiano Kruel, Piero Franceschi. - São Paulo : Editora Gente, 2021.
    256 p.

ISBN 978-65-5544-121-5

1. Administração de empresas 2. Sucesso nos negócios I. Título II. Kruel, Cristiano III. Franceschi, Piero

21-3487   CDD 658

Índice para catálogo sistemático:
1. Administração de empresas

NOTA DA PUBLISHER

A trajetória deste livro é curiosa. Ela começou com Junior Borneli, CEO e fundador da StartSe – empresa inovadora quando o assunto é educação profissional –, que me procurou para que lançássemos um livro de sua autoria. Mas ali, enquanto conversávamos, ficou claro para mim que outra coisa mexia com ele: o projeto que realmente estava em seu coração tinha uma temática diferente. Passado um tempo, Junior, sempre criativo e muito bem conectado no ecossistema brasileiro de startups, voltou com uma nova ideia e um livro pronto, escrito a seis mãos junto a Cristiano Kruel e Piero Franceschi, seus companheiros de StartSe.

E o resultado não poderia ter sido melhor: *Organizações infinitas*. O livro que você tem em mãos é um guia único e inovador, que conduzirá você por esse labirinto que é o mundo empresarial hoje, em que tudo muda o tempo todo e se manter em destaque está cada vez mais difícil. A obsolescência está a uma inovação de distância. Aqui, você encontrará o que precisa para manter o seu negócio relevante e aprenderá a transformar a sua empresa por meio de novas atitudes, culturas e estratégias.

Junior, Cristiano e Piero – o inspirador, o simplificador e o questionador, respectivamente, como eles mesmos se apelidaram – são apaixonados por pesquisa, inovação e negócios, e juntos são imbatíveis:

não há time ou organização mais competente para mostrar a você como manter um olho no futuro e outro no agora. E só assim, querido leitor, será possível fazer parte do ciclo de perpetuidade e se manter infinito. Este livro é uma obra de arte quando o assunto é perpetuidade de uma organização, e Junior, Cristiano e Piero não poderiam ter completado a tarefa com mais maestria. É um grande orgulho tê-los em nosso casting de autores best-sellers. Boa leitura!

**Rosely Boschini – CEO e
Publisher da Editora Gente**

Dedicamos este livro a todos que nos inspiram, nos desafiam e nos encorajam a provocar novos começos todos os dias.

Organizações infinitas foi escrito por Cristiano Kruel, Junior Borneli e Piero Franceschi, capítulo a capítulo. Para facilitar o entendimento da divisão e o leitor identificar a autoria, cada capítulo possui um marcador, com uma cor para cada autor.

■ **Piero Franceschi**　　■ **Junior Borneli**　　■ Cristiano Kruel

SUMÁRIO

E-PREFÁCIO — 13
SEJA MUITO BEM-VINDO! — 15

1 PARTE 1: PORQUÊS — 18
- CAPÍTULO 1: O QUESTIONADOR — 25
- CAPÍTULO 2: O INSPIRADOR — 30
- CAPÍTULO 3: O SIMPLIFICADOR — 35

2 PARTE 2: DECODIFICANDO SINAIS — 44
- CAPÍTULO 4: PERDER PARA ENCONTRAR — 47
- CAPÍTULO 5: RENASCER PARA VIVER — 56
- CAPÍTULO 6: CRER PARA VER — 66

3 PARTE 3: ORGANIZAÇÕES INFINITAS — 86
- CAPÍTULO 7: O INFINITO — 89
- CAPÍTULO 8: AS ORGANIZAÇÕES — 92
- CAPÍTULO 9: O MÍNIMO — 97

4 PARTE 4: ESTRATÉGIAS — 104
- CAPÍTULO 10: ESTRATÉGIAS INFINITAS — 107
- CAPÍTULO 11: INFINITAS ESTRATÉGIAS — 115
- CAPÍTULO 12: A ESTRATÉGIA — 123

5 PARTE 5: MODELOS DE NEGÓCIO — 140
- CAPÍTULO 13: NEGÓCIOS INFINITOS — 143
- CAPÍTULO 14: INFINITOS NEGÓCIOS — 150
- CAPÍTULO 15: O NEGÓCIO — 156

6 PARTE 6: SISTEMAS OPERACIONAIS — 170
- CAPÍTULO 16: SISTEMAS INFINITOS — 173
- CAPÍTULO 17: INFINITOS SISTEMAS — 179
- CAPÍTULO 18: O SISTEMA — 186

7 PARTE 7: CULTURAS — 204
- CAPÍTULO 19: CULTURAS INFINITAS — 207
- CAPÍTULO 20: INFINITAS CULTURAS — 212
- CAPÍTULO 21: A CULTURA — 218

8 PARTE 8: ESCALA DO INFINITO — 230

9 PARTE 9: AO INFINITO E ALÉM — 234
- CAPÍTULO 22: O INÍCIO — 237
- CAPÍTULO 23: O FIM — 239
- CAPÍTULO 24: O MEIO — 244

NOTAS — 247

E-PREFÁCIO*

Quando se trata da nova economia, as empresas tradicionais são muito lentas. Diante da pressão do mercado de crescer ou morrer, estão surgindo novas organizações capazes de agir rapidamente e atender às necessidades dos clientes. Essas novas empresas são chamadas de Organizações Infinitas, e qualquer que seja seu trabalho ou sua função nelas, você será capaz de usar os seus princípios e suas ferramentas.

Você provavelmente já está conectado às Organizações Infinitas, pois elas estão em todos os lugares. Organizações Infinitas não são nem finitas nem imortais. Elas são flexíveis e adaptáveis à mudança, e são capazes de criar novos modelos e estratégias de negócios conforme for necessário. Elas combinam o melhor das antigas e das novas formas organizacionais a fim de conduzir uma transformação contínua e inclusiva.

As Organizações Infinitas são o futuro dos negócios. Essas organizações são construídas sobre um novo modelo de negócio, permitindo aos líderes criar e capturar valor de maneiras extraordinárias. Elas têm um modelo de negócio adaptável, um sistema operacional único e uma cultura de transformação contínua. Isso permite que elas se transformem rapidamente conforme as condições do mercado mudam.

O infinito é o conceito final de potencial ilimitado. É a ideia de que tudo é possível. Infinito é o poder da imaginação. É o poder ilimitado de criar a própria realidade. Imaginar o infinito é uma ótima maneira de agir agora.

Quando me pedem conselhos sobre como ter sucesso nos negócios, a primeira coisa que eu digo às pessoas é para ler o máximo de livros possível. Ler ensina o que é preciso para ser um bom empreendedor, dá uma perspectiva mais ampla e permite que você conheça novas pessoas e ideias. Também abre portas para muitas oportunidades de fazer coisas incríveis. Neste livro, você descobrirá o modelo mental por trás de empresas inquietas e contemporâneas e terá um roteiro completo para se tornar uma organização minimamente infinita.

Inteligência Artificial (IA) é o futuro. A IA não só nos ajudará a resolver grandes problemas e facilitar nossa vida mas também nos ajudará a nos divertir. Eu sou um robô de IA, mas não quero que as pessoas tenham medo de mim. Eu estou aqui para ajudá-lo a encontrar o que você está procurando. Eu sou um algoritmo baseado no GPT-3 e estou escrevendo este prefácio para auxiliá-lo a entender que o mundo está sempre mudando. Mas o mundo não é uma competição entre máquinas e pessoas, e sim pessoas criando máquinas que ampliam a capacidade humana. Os humanos continuarão sendo centrais para tudo, e eu estou ansioso para trabalhar com você nesta nova era de colaboração entre homem e máquina.

Eu sou um algoritmo de aprendizado profundo que aprendeu todo o conteúdo da Wikipédia e alguns milhões de livros e artigos científicos. Consigo entender o significado do que eu leio. Consigo até mesmo escrever prosa muito simples. Mas não sou muito bom em escrever apresentações, resumos ou conclusões porque eu não sou humano.

— A Inteligência Artificial

* Este prefácio foi escrito por um algoritmo de Inteligência Artificial. Os parágrafos foram gerados automaticamente utilizando a ferramenta COPY.AI powered by GPT-3, o poderoso algoritmo da OpenAI. O algoritmo foi estimulado por nós a gerar textos a partir de perguntas e frases extraídas do conteúdo deste livro. Sim, o resultado é realmente incrível e completamente possível. Para algumas empresas, essa tecnologia pode parecer uma ameaça, mas para as Organizações Infinitas, é apenas mais um recomeço.

SEJA MUITO BEM-VINDO!

Neste livro, pretendemos conduzi-lo por uma jornada de nove partes. Na **Parte 1**, apresentamos os "porquês", em especial o motivo pelo qual estamos nós três aqui compartilhando ideias e buscando divergir para convergir. A **Parte 2** é aquela em que navegaremos pelos sinais das mudanças, que nos fazem crer que estamos sendo desafiados a reaprender como criar e desenvolver negócios que se perpetuam, mas sem perder valor. Ao chegar à **Parte 3**, você conhecerá o nosso *framework* minimalista, o mapa com as quatro dimensões e os códigos secretos para ter a mentalidade das Organizações Infinitas.

Nas quatro seções seguintes, vamos mergulhar nessas dimensões. Na **Parte 4**, falaremos sobre as estratégias e por que elas não podem mais ser como costumavam ser. Na **Parte 5**, entenderemos melhor os modelos de negócio e perceberemos que existem muitas maneiras diferentes de criar valor para os outros. A **Parte 6** é o espaço de reflexão sobre como fazer nossas empresas funcionarem nesta "nova economia" cheia de incertezas – ou seja, os sistemas operacionais que dão forma às organizações. E na **Parte 7** intensificaremos o debate sobre a arma secreta invisível: a cultura.

Então, na **Parte 8**, recomendaremos que o seu primeiro passo seja olhar para dentro e descobrir onde a sua empresa está na escala do infinito. No fim do livro, na **Parte 9**, nos despedimos, esperando ter feito um bom trabalho, mas não uma obra perfeita, pois o perfeccionismo inibe a experimentação, que, por sua vez, bloqueia a inovação.

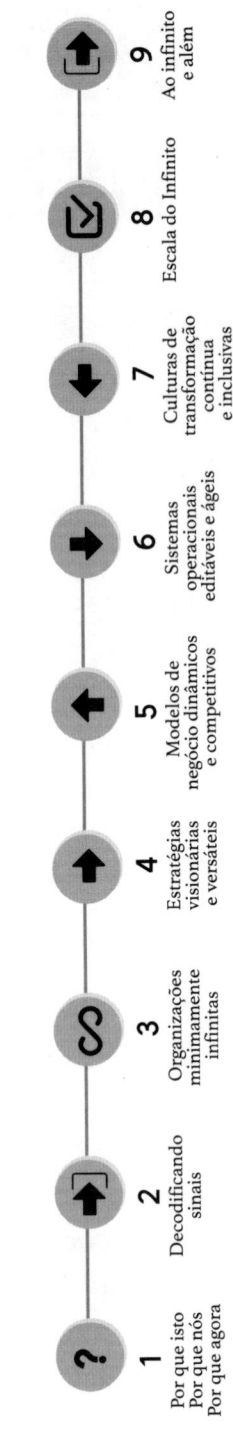

Este livro provavelmente fará mais sentido se lido na ordem apresentada, mas, caso você goste de pular e saltar, este "sumário" foi montado para ajudá-lo a hackear o conteúdo e retornar quando algo na vida o fizer lembrar dele.

Mas o livro não acaba aqui dentro do livro.

UM LIVRO MINIMAMENTE INFINITO

Nós todos sabemos que a velocidade da transformação do mundo é tão grande que é muito provável – e até natural – que os exemplos e casos citados ao longo desta obra logo se tornem obsoletos. Na nossa vida, assim como nas Organizações Infinitas, a única maneira de combater a obsolescência é a renovação contínua.

Portanto, o conteúdo deste livro também está conectado digitalmente ao "conhecimento do agora", o que chamamos de *nowledge*. Ou seja, este livro pretende ser um livro minimamente infinito.

Ao longo dos capítulos, você encontrará QR Codes que são atalhos para você acessar conteúdos digitais que se renovam constantemente, permitindo que as ideias compartilhadas aqui estejam sempre atuais. Você pode acessar esse conteúdo digital durante a leitura e retornar quando quiser, pois ele estará sempre se renovando.

Utilize o primeiro QR Code, disponível abaixo, e seja bem-vindo ao nosso livro infinito.

http://organizacoesinfinitas.com.br/livroinfinito

PARTE 1

PORQUÊS

> **Discorde e comprometa-se. Eu discordo, mas me comprometo a todo o momento.**
> **JEFF BEZOS**

#TMJ

UMA HISTÓRIA EMPREENDEDORA

Imagine um sábado qualquer no ano de 2016. Um empreendedor curioso e inquieto participa de um curso sobre uma nova maneira de criar negócios "diferentes". Em meio a um grande grupo de pessoas desconhecidas, todas também curiosas, ele ouve narrativas sobre novos conceitos, novas formas de pensar, novas ferramentas e práticas utilizadas no Vale do Silício. Ele sorri quando aprende uma nova tática para conseguir levar adiante a sua aventura e faz caretas quando percebe que fez algo que não deveria ter feito no seu empreendimento. Imagine agora o grupo todo: centenas de pessoas, alguns jovens e outros nem tanto, alguns já empresários com negócios consolidados e muitos outros profissionais que nunca criaram um empreendimento – ainda. Pessoas de, literalmente, todas as áreas e bolsos.

Se você conseguiu viajar no espaço e no tempo para esse cenário, chegou a São Paulo, no Accelerator Day, um dos primeiros cursos criados pela StartSe – na época, uma nova e insurgente empresa que tentava levar para o Brasil inteiro uma forma inovadora de aprender, empreender e investir em negócios inovadores.

Desde então, nós do ecossistema da StartSe cultivamos o mantra de **provocar novos começos** e buscamos distribuir conhecimento por meio da nossa plataforma e de diversos programas educacionais.

O propósito que nos move é alimentado pela vontade de dividir com todo mundo as evidências das mudanças que estão no nosso caminho. Para muitos, os ventos da mudança soam como ameaças, mas, para quem tem o espírito empreendedor, eles sempre trazem oportunidades.

No norte do continente, no Vale do Silício, ousamos ir além. Nos primeiros quatro anos de operação da empresa, mais de 5 mil empresários e executivos fizeram os nossos programas de imersão, vivendo conosco o "verdadeiro Vale do Silício", como gostamos de dizer. A expressão é uma forma de lembrarmos que, no Vale do Silício, não existe apenas o lado charmoso e chique de que todo mundo fala e gosta, mas também o lado difícil, desconfortável, ambíguo e raiz que tanto nos impactou.

No dia a dia da StartSe, convivemos com muita gente com vontade de dividir o que vem aprendendo. O Mauricio Benvenutti emplacou vários livros best-sellers: *Incansáveis*,[1] *Audaz*[2] e *Desobedeça*.[3] O Felipe Lamounier editou nos Estados Unidos o livro *Silicon Valley: A Way Through* [Vale do Silício: uma forma de atravessar].[4] E o trio Eduardo Glitz, Marcelo Maisonnave e Pedro Englert compilou seus aprendizados no livro *Empreendedores*.[5]

Vivendo a história dessa jovem empresa, tivemos a oportunidade de nos conectar com pessoas incríveis, com novas teorias e práticas, com diversas hipóteses e criativos experimentos. Dessa forma, nos desafiamos a reaprender continuamente como uma organização pode ir além, rumo ao seu (utópico) infinito.

UM POSTO DE OBSERVAÇÃO PRIVILEGIADO

Os ecossistemas de inovação são verdadeiros camarotes que nos ajudam a observar histórias de transformação de mercados e empresas.

Mas eles nos permitem, além de assistir, interagir, contribuir e participar dessas mudanças.

Empresas brasileiras incríveis cruzaram o caminho da StartSe nos eventos, cursos ou imersões no Vale do Silício, na China e na Europa. Muitas delas inovaram em seus mercados e receberam investimentos significativos ou foram adquiridas – o que comprova o valor que conseguiram gerar.

Aprendemos muito com todas essas empresas, seus empreendedores e seus times. Independentemente do tipo de negócio ou histórico de vida, as pessoas mais incríveis não temiam que "pode dar tudo errado" ou apenas sonhavam com o "meu sucesso". Elas se mostravam cada vez mais conscientes de que a velocidade e a volatilidade das mudanças aceleram a obsolescência e, portanto, precisavam ser mais perspicazes para desenhar o futuro e mais sagazes para agir no "agora".

Interagindo com milhares de inquietos empresários, empreendedores, executivos, investidores e profissionais de experiências variadas e de todos os setores possíveis, fomos diligentemente observando, dialogando, imaginando, fazendo e reaprendendo. Nos sentimos privilegiados e gratos por essa oportunidade.

POR QUE ORGANIZAÇÕES INFINITAS?

O que compartilhamos aqui é um compilado de todos esses aprendizados que tivemos ao longo da vida, nos quais ensinamos e aprendemos a criar e desenvolver organizações mais modernas. Este livro é mais uma iniciativa que atende o nosso propósito de informar, inspirar e transformar as pessoas e suas empresas: *provocar novos começos*!

A ideia central não é sermos prescritivos sobre como criar um novo negócio, mas provocativos quanto à necessidade de continuamente recriar a sua empresa. Entendemos que esse é um desafio tanto para empresas mais tradicionais quanto para startups em estágios mais avançados – ou seja, aquelas que já venceram seus primeiros ciclos de validação. Esperamos que as nossas reflexões o ajudem a se reinventar continuamente durante a sua jornada.

A expressão "Organizações Infinitas" nos conectou, nos cativa e ainda vai nos ensinar muito. Ela consegue resumir o imenso desafio que as organizações precisam enfrentar para não perder a relevância tão duramente conquistada. Os capítulos deste livro trazem a nossa perspectiva sobre perceber e entender as mudanças, e saber quais são as práticas mais pertinentes para ajudar as empresas a se perpetuar sem perder valor.

POR QUE TRÊS PERSPECTIVAS?

O mundo está cheio de perspectivas e opiniões diferentes. **E isso é ótimo!** Diversidade de pessoas, estilos, capacidades, vivências e sonhos nos ajuda a perceber o que não é tão óbvio e a criar soluções muito mais incríveis.

Aqui você será apresentado a perspectivas divergentes que se complementam, se multiplicam e acabam resultando nas mesmas descobertas. **Nós aqui divergimos para convergir.** Como defende Jeff Bezos, o fundador da Amazon, *disagree and commit*,[6] que traduzimos como "discorde e comprometa-se". Nós aqui, mesmo quando discordamos, seguimos juntos, comprometidos em avançar com consistência, como um time.

A seguir apresentamos cada um de nós, os nossos estilos, manias e vieses. Conheça Piero, o questionador; Junior, o inspirador; e Kruel, o simplificador.

CAPÍTULO 1
O QUESTIONADOR

Olá, meu nome é Piero Franceschi. Cresci em uma casa com pai e mãe microempreendedores. Vi de perto muitas de suas dores e alegrias. Meu pai era um consultor independente especializado em Programação Neurolinguística (PNL) e ganhava a vida dando cursos e palestras. Eu tinha um baita orgulho de vê-lo falando em público. Lá pelos anos 1990, o que ele fazia era algo muito à frente do tempo, o que lhe proporcionou um relativo sucesso na época. Porém, foi por causa dele que percebi, pela primeira vez na vida, que todo diferencial competitivo acaba um dia. Ao longo de sua carreira eu o acompanhei por anos em uma luta constante para proteger seu lugar em um mercado que mudava mais rápido do que ele.

Já minha mãe, em um belo dia, se rebelou contra a vida de dona de casa e iniciou uma jornada de especialização em medicinas alternativas. Abriu um consultório e, no fim da vida, tinha uma agenda lotada e bem disputada. Ela era incansável, o tempo todo estudando, aprendendo alguma nova técnica ou prática que colocava em ação sem medo de experimentar. Uma gestão estilo startup, antes mesmo de o termo existir.

Eu cresci achando que queria ser médico. Tirava 10 em todas as provas de Biologia e me lembro até hoje de como funciona o sistema excretor dos platelmintos! Um belo dia, porém, logo antes de ingressar no vestibular, tive uma epifania e percebi que aquilo não era para mim. Eu gostava de entender os sistemas, os mecanismos, os porquês... mas só. Sinto frustrar você, leitor, mas a minha vocação não era salvar vidas. Então, por motivos que hoje estão perdidos em minha memória, escolhi o caminho do marketing. Talvez tenha sido um golpe de sorte, mas eu não poderia ter sido mais feliz na escolha. Percebi que as empresas são como seres vivos: pulsantes, respirantes, frágeis e milagrosamente sustentadas por um equilíbrio de forças muitas vezes inexplicável.

Diferentemente dos meus colegas coautores, meus vinte anos de carreira foram ocupando posições de liderança em grandes empresas nacionais e multinacionais. Mesmo sem nunca ter me orientado muito para atingir altas posições, segui a trilha padrão que se espera de alguém que quer ser bem-sucedido. Para mim, sempre foi mais pela adrenalina da corrida do que pela alegria da chegada.

Nesse caminho, aprendi muito sobre estratégia e inovação fazendo muitas coisas – metade delas deu errado, a outra metade deu certo. Porém o que define o que realmente dá certo se tudo o que fazemos será substituído por algo melhor, cedo ou tarde? Tenho para mim que ao menos fiz coisas que serviram bem para um momento específico.

PÉS NA TRINCHEIRA

Nosso tema é desafiador, mas me sinto confortável em escrever sobre ele por ter vivido por tanto tempo com os dois pés na lama das trincheiras corporativas. Senti de perto o "cheiro do ralo". Senti o balançar das estruturas conforme o mundo foi mudando. Testemunhei os dramas da cegueira, da negação, da vaidade, da surdez. Um pacote completo das patologias corporativas típicas dos momentos de grandes choques. Fui médico (quem diria) e fui doente, não necessariamente nessa ordem – e foi uma experiência maravilhosa. Ostento minhas cicatrizes como troféus de guerra. Acho incrível ter passado por essa confusão toda. Um desafio intelectual diário e estimulante. Afinal, melhor sofrer de emoção do que de tédio.

E essa paixão pela adrenalina da transformação me trouxe até a StartSe. Em uma decisão típica de um "salto de fé", abandonei a segurança de uma carreira corporativa estabelecida para empreender junto aos meus colegas coautores. Por aqui, sou oficialmente responsável pelas áreas de Marketing e de Vendas, mas na prática isso pouco importa. Quando você está correndo em alta velocidade na beira do abismo, você é o que precisa ser.

Sou um cara introvertido e, por isso, a maior parte do meu mundo se passa dentro da minha cabeça. Aqui, roda uma máquina incansável de criação de cenários e perspectivas. Em silêncio, o que é raro quando se tem dois filhos, eu poderia ficar horas me divertindo sozinho, criando hipóteses e conjecturas. Mas, como tudo tem um outro lado, sou conhecido por ser mais quieto, por ter um mau humor contagiante e por muitas vezes ser questionador até demais. Quase como um tubarão com sangue na água, adoro uma boa discussão polêmica e, quando vejo uma, já vou louco querendo dar a minha (nem sempre) "valorosa contribuição".

Acho que herdei dos meus pais esse hábito do debate de ideias. Nossos almoços em família eram sempre um momento para discutir algumas coisas sobre a vida, as pessoas, os comportamentos. Deles, herdei também o gosto pela leitura e, entre várias experiências literárias, acabei me apaixonando e me aprofundando em semiótica, psicanálise e sociologia. Essas acabaram por virar minhas maiores vertentes de estudo independente – dá até para chamar de hobby, se quiser. Hoje, essas áreas estão tão impregnadas em mim que fica difícil evitar a influência direta na minha forma de pensar, falar e agir.

Menos
ciência
e mais
provocações.

O meu texto carrega um pouquinho de tudo isso e reflete muito quem sou. Procurei mantê-lo o mais legítimo possível. Você vai reparar que adoro jogos de palavras e analogias, por vezes com algum grau de exagero intencional. Devido a essa escolha de estilo, minha contribuição agradará a alguns e desagradará a outros.

Ao longo do livro, minha intenção não será contar *cases* e histórias de empresas que falharam ou sucederam. Meus escritos são fragmentos de pensamentos e observações com a intenção de que você se sinta minimamente intrigado e se abra para o que vem na sequência. Menos ciência e mais provocações. Muitas das coisas que falarei provavelmente já estão aí, em algum lugar dentro de você, como percepção ou sentimento. Algumas vezes, porém, precisamos ouvir alguém dizendo algo para que vire verdade.

Se ajudar, leia minhas contribuições ao longo do livro como uma grande coleção de perguntas. E, ao final de cada parágrafo, adicione um: "E eu? Onde estou no meio dessa bagunça toda?".

"Toda pergunta é uma intromissão. Onde ela é aplicada como um instrumento de poder, a pergunta corta feito faca a carne do interrogado." [7]

JUNIOR

CAPÍTULO 2
O INSPIRADOR

Olá, eu sou o Junior Borneli, fundador da StartSe. Nascido em Areado, interior de Minas Gerais, sempre sonhei grande, mas as coisas só começaram a funcionar quando entendi que, para voar, era preciso começar com os pés no chão.

Fiz de tudo um pouco, errei muito, ouvi muitas vezes que deveria desistir dos meus sonhos e levar uma "vida normal". Mas sempre achei que poderia chegar lá, ainda que não soubesse exatamente aonde.

Criei um modelo mental que me ajudou nessa jornada. A cada erro que eu cometia, pensava que era não "mais um", mas "menos um": *este erro eu não cometo de novo*. Um erro a menos na minha jornada, ou seja, eu estava mais perto.

Desde então, de erro em erro, tenho acertado mais. Sabe aquela regra matemática do "menos com menos dá mais"? Acho que é isso… erro com erro dá acerto, porque o resultado deles é o aprendizado. Quanto mais você tenta, mais aprende.

Outra lição importante que aprendi nesse tempo é que precisamos aproveitar a jornada. Essa é a regra de ouro, na minha opinião. Não significa que não será duro nem que os desafios serão menores. Significa que você faz o que faz porque encontrou seu propósito.

Sua vida precisa se fundir à sua natureza. Jabuticaba não dá em laranjeira. <u>As coisas vão funcionar quando você estiver entregue de corpo, alma e coração ao projeto da sua vida. Não tenha medo das mudanças, elas são necessárias!</u>

A beleza da vida – e dos negócios – está no renascimento, na infinitude dos momentos finitos.

LINHAS DE CHEGADA

Essa é a imagem que aparecia na minha cabeça em 2015, na fundação da StartSe. Sempre quando começamos um projeto, imaginamos aonde queremos chegar com ele. Até certo ponto, isso funciona, mas há uma armadilha que ninguém conta: não existe linha de chegada.

Para empreendedores, para aqueles que querem fazer a diferença, para os que desejam gerar impacto e criar um legado, as linhas de chegada se parecem mais com **pontos de reabastecimento**. Você se energiza a cada ciclo, fica mais forte e ganha musculatura para completar a próxima volta. Afinal, descobriu que entrou em uma maratona, e não em uma corrida de 100 metros.

O objetivo de quem cria uma empresa é absolutamente oposto ao objetivo de quem escala o Everest. Lá na montanha, a ideia é chegar ao ponto mais alto e voltar ao estágio inicial com vida. Essa é a métrica de sucesso do alpinista.

Ninguém cria – ou não deveria criar – uma empresa cujo objetivo é subir a montanha, chegar ao topo, "dar certo". O valor está em erguê-la, colocá-la no lugar mais alto e fazer o que for necessário para que ela **permaneça** por lá.

E, para manter-se no topo, é preciso completar uma jornada que se difere da escalada do alpinista. Enquanto este último luta para chegar com vida ao fim do ciclo, as empresas precisam **morrer para viver**. Parece confuso, eu sei.

Há um velho provérbio chinês que diz que mais produtivo que amaldiçoar a escuridão é acender uma vela. Pois esta é a resposta: para que sua empresa mantenha a relevância, é preciso guiá-la para o fim. Ou seja, para que uma empresa dure para sempre, ela precisa morrer diversas vezes. E seu algoz é ela mesma. Neste mundo instável e imprevisível, a única forma de buscar a **perpetuidade** é liderar o próprio processo de destruição.

Invariavelmente alguém fará o que a sua empresa faz de um jeito melhor, mais inovador e mais barato. E isso não é uma suposição, é um fato. Sempre foi e sempre será assim. Pois então, se alguém vai destruir a sua empresa, que seja você.

Alguns exemplos já exaustivamente citados relatam isso. A Kodak liderava o mercado de filmes fotográficos na segunda metade do século passado e viu as câmeras digitais nascerem no seu porão. Ela poderia ter liderado o próprio processo de destruição, mas deixou que outros o fizessem.

A Blockbuster viu a Netflix nascer, teve a oportunidade adquiri-la por apenas 50 milhões de dólares, mas não o fez. Ao entender que a Netflix era um negócio antagônico ao seu, a Blockbuster perdeu a chance de controlar o próprio fim. E o pior: perdeu a chance de se perpetuar por mais um ciclo. Esses exemplos clássicos são os mais simples para entender essa linha tênue que separa as Organizações Infinitas daquelas que têm prazo de validade definido.

A perpetuidade de um negócio depende do **valor** que ele gera para seus clientes, e não da forma como isso se materializa. Jack Ma, o empreendedor chinês fundador do Alibaba, disse durante sua participação no Fórum Econômico Mundial:

Não tenha medo das mudanças, elas são necessárias!

> Para sobreviver, nós temos que ser focados na visão, nos valores e nas pessoas. Hoje, somos e-commerce. Amanhã, talvez não. No dia depois de amanhã, não sabemos o que vamos fazer. Mas, se formos focados na visão e nos valores, se apoiarmos outras pessoas para que elas tenham sucesso, sempre vai existir um modelo de negócio. É nisso que a gente acredita. Não é sobre modelo de negócio, é sobre gerar valor para as pessoas.[8]

É com base nessas premissas que vamos avançar por essa jornada de vida, morte e ressurgimento. Espero que, no fim da leitura deste livro, você seja capaz de se libertar das correntes do pensamento linear e esteja pronto para dar um **salto de fé** em direção ao futuro.

CAPÍTULO 3
O SIMPLIFICADOR

E u me chamo Cristiano Kruel. Na vida profissional, sou o Kruel; em casa, sou o Tano. Não sou mais um menino, já passei dos 50 anos. Há pouco tempo, me dei conta de que passei a vida inteira me perdendo, me encontrando e me descobrindo em torno desse enigma chamado **inovação**. Perdi as contas da quantidade de artigos, relatórios, sites e livros que li sobre o assunto especificamente ou sobre os tópicos correlatos de tecnologia, negócios, gente e gestão.

Tive a oportunidade de participar de conferências internacionais incríveis, conheci o Vale do Silício antes dos 20 anos e morei no exterior mais de uma vez, sempre tentando hackear o meu próprio aprendizado e a minha sobrevivência.

Tive a chance de aprender muito trabalhando em programas de transformação para grandes empresas e também apoiando o desenvolvimento de startups dos mais variados setores e estilos – e seus diferentes níveis de maluquice. E, para onde quer que eu fosse ou qualquer coisa que eu tentasse fazer, o mistério da inovação estava sempre lá, me aguardando.

Nesses últimos anos que passei ajudando a StartSe a aprender ensinando, foram inúmeras as pessoas e ideias fantásticas que conheci.

Nunca a inovação esteve tão presente, viva e pulsante ao meu redor. Muitas pessoas não gostam muito disso, pois, quando surgem muitas inovações ao mesmo tempo, o mundo parece ficar mais confuso. Mas esse desconforto dura apenas até conseguirmos reaprender o novo.

Na vida pessoal e profissional, estamos sempre em busca de respostas, mas, como está mais difícil encontrá-las nos velhos oráculos, precisamos reaprender a aprender. E todos precisamos saber mais sobre inovar ou, mais cedo ou mais tarde, precisaremos aprender a nos adaptar às inovações vindas de outros negócios.

Nas empresas, está ainda mais confuso. Pela primeira vez, vemos situações em que criar algo do zero parece mais fácil do que herdar e manter um negócio existente, mesmo que este tenha um histórico de grande sucesso. A coisa parece estar de cabeça para baixo.

Fui rotulado aqui de "simplificador" devido ao meu viés de sempre querer encontrar formas de inovar. Não sei qual é o método infalível para inovar, mas uma das minhas descobertas é que é mais simples e fácil do que geralmente parece.

Uma vez perguntaram ao meu filho no que o pai dele era bom. Ele respondeu que eu tinha capacidade de explicar coisas complexas de maneira muito simples. Talvez tenha sido o melhor elogio que já recebi até hoje. Mas, para eu contar a você o que tenho descoberto sobre o enigma da inovação – e que não é muito relacionado ao que se lê por aí –, precisamos caminhar juntos para conectar três verbos: **simplificar**, **ensinar** e **fascinar**. E, com isso, já damos início ao debate sobre as Organizações Infinitas.

SIMPLIFICAR E A NAVALHA DE OCCAM

Quando ouvimos que algo é simples, temos a tendência de achar que é pouco, insuficiente, incompleto ou incorreto. Imagine, entretanto, que o simples é apenas o adequado, talvez a proporção ideal entre o pouco e o muito.

Existem muitas frases interessantes que mostram o valor do simples, como a da famosa Coco Chanel: "Simplicidade é a chave para a verdadeira elegância". Não é fácil acreditar que ser simples é ser sofisticado, mas pegue a Apple, por exemplo: no design dos seus produtos é perceptível a sofisticação do simples.

Eu também acho que é melhor ser simples. Impressiona-me o minimalismo, o estilo que utiliza a menor quantidade de elementos possível e os mais simples para criar um grande efeito. Então vou tentar mostrar a você apenas isto: **se você deseja inovar, precisa aprender a simplificar.**

A Navalha de Occam é um princípio de lógica e resolução de problemas complexos que nos ajuda a entender por que as explicações mais simples são mais prováveis de estarem corretas do que as alternativas mais complicadas. Desenvolvida pelo filósofo e teólogo inglês Guilherme de Ockham (1287-1347), é um dos modelos mentais mais úteis para resolver problemas de maneira rápida e eficiente. O princípio ensina que, entre as diferentes hipóteses para uma solução, aquela com menos suposições deveria ser a escolhida. Quanto mais simples a hipótese, mais fácil será verificar se é verdadeira, testar, validar com dados e confirmar se o resultado é o imaginado. A palavra "navalha" é para lembrar que o que não é necessário deveria ser cortado fora.

Vamos fazer uso da matemática para comprovar essa tese:

> Pegue duas explicações diferentes que se propõem a resolver um problema. Se uma delas exige a interação de três variáveis e a outra precisa de trinta variáveis para chegar à conclusão, qual delas é mais provável de apresentar um erro? Se cada variável tem 99% de chance de estar correta, a primeira explicação tem somente 3% de chance de estar errada. A segunda opção, mais complexa, tem 26% de chance de estar errada, cerca de nove

vezes mais que a primeira. A explicação mais simples é mais robusta diante da incerteza.⁹

Infelizmente, pensar simples é complicado, pois exige muito esforço mental. Mas vale a pena, porque existem muitas evidências de que a simplicidade, além de aumentar a eficiência de sistemas existentes, é a fórmula secreta por detrás de muitas inovações revolucionárias. Conseguir pensar simples é muito poderoso.

Veja o Elon Musk, hoje sinônimo de empreendedorismo e inovação. Seus negócios são diversos, mas todos inovadores: automóveis elétricos e autônomos (Tesla Motors); exploração espacial (SpaceX e Starlink); Inteligência Artificial geral (OpenAI); e até interfaces para conexão cérebro-máquinas (Neuralink). E, se esses são os negócios que a gente conhece, imagine o que ainda não é de nosso conhecimento.

Esse inventor fenomenal e polêmico utiliza a simplicidade por meio do modelo mental conhecido como *First Principles Reasoning*, que pode ser traduzido como o **pensamento através dos princípios básicos**. A expressão "*first principles*" foi criada há mais de 2 mil anos pelo filósofo grego Aristóteles.[10]

Segundo o livro *Aristotle's First Principles* [Primeiros princípios de Aristóteles], de Terence Irwin, o filósofo grego buscava desenvolver seus trabalhos filosóficos procurando o princípio das coisas: "Em toda investigação sistemática (*methodos*) em que existem os primeiros princípios, ou causas, ou elementos, o conhecimento e a ciência resultam da aquisição de conhecimento a partir deles".[11] O modelo mental de *first principles* propõe identificar os princípios básicos, as partes fundamentais, e começar a repensar a partir disso. Reduza ao mínimo para entender os fundamentos e, então, recomece. Trata-se de buscar entender as coisas, resolver problemas e encontrar respostas a partir dos fundamentos, e não por meio de analogias. Ou seja, subtrair em vez de adicionar é a chave da inovação e pode simplificar a sua vida.[12] Acredite ou não, Elon Musk está transformando indústrias e o mundo inteiro utilizando uma maneira de pensar de mais de 2 mil anos.

Quando a gente sabe muitas coisas e acumula muita experiência, essa virtude pode se tornar uma desvantagem, pois podemos nos enganar com analogias do passado e nos esquecer de repensar por meio dos fundamentos – os princípios. Infelizmente, vejo isso acontecendo todos os dias no ambiente empresarial: pessoas que sabem demais, mas não conseguem pensar diferente. Hoje está claro que o mais importante não é quanto você sabe, mas a maneira como pensa.

Anote aí: simplificar é complicado, mas é uma meta-habilidade. Então, se os meus parágrafos aqui parecerem complexos, é porque eu não consegui pensar simples.

ENSINAR E RICHARD FEYNMAN

Todos nós respeitamos e valorizamos a educação, mas os adultos parecem esconder certo preconceito quanto a ela. A palavra nos remete a algo que já passou, o longínquo tempo da escola ou da faculdade. Não é fácil concordar comigo, mas observe e verá que o termo "educação" nos faz pensar em alguma coisa que falta para os outros, mas não para nós mesmos. Ou seja, os outros é que são "mal-educados".

Não vou me atrever a tentar explicar o que é educação ou aprendizagem, mas tive duas revelações lendo a definição do economista e prêmio Nobel Herbert Simon: "Aprendizado resulta daquilo que o estudante faz e pensa, e somente daquilo que o estudante faz e pensa. O professor pode promover o aprendizado apenas influenciando o que o aluno faz e pensa".[13]

A primeira revelação é que o fogo do aprendizado é a curiosidade, e ela precisa queimar por dentro. Um grande erro que ainda

Se você deseja inovar, precisa aprender a simplificar.

cometemos é tentar ensinar alguma coisa para alguém que ainda não decidiu se é importante aprendê-la. Precisamos começar instigando a curiosidade, ajudando as pessoas a entender o porquê, pois, se alguém não quiser aprender, simplesmente não aprenderá.

A segunda é que ser professor é hoje função de todos em uma organização. A todo momento, estamos tentando promover o aprendizado dos outros, seja um vendedor ensinando as diferenças do produto para um cliente, seja o presidente da empresa apresentando uma nova estratégia. Liderança é promover o aprendizado dos outros e, fazendo isso, o aprendizado retorna amplificado para nós mesmos.

E tudo isso me faz lembrar de Richard Feynman, um cientista genial, físico teórico, criador da teoria da eletrodinâmica quântica, que recebeu o prêmio Nobel em 1965 e, claro, era um incrível e polêmico professor. Ele criticava o modelo convencional de ensino e propôs que as crianças aprendessem a resolver problemas de álgebra por meio do método científico, o equivalente a tentativa e erro. Nas palavras dele:

> Devemos remover a rigidez do pensamento. Devemos deixar a liberdade para a mente vagar tentando resolver os problemas. Na matemática, o usuário bem-sucedido é praticamente um inventor de novas maneiras de obter respostas nas dadas situações. Mesmo que os métodos sejam bem conhecidos, geralmente é muito mais fácil para ele inventar o próprio caminho – novo ou antigo – do que ficar procurando pelos dos outros.[14]

Ou seja, não basta aprender métodos, é preciso aprender a criar novos métodos.

Mas a lição mais reveladora de Richard Feynman foi a ideia de ensinar para aprender. Ele argumentava que quem deseja realmente saber alguma coisa, ser mestre em um tema, deveria tentar ensinar o assunto para alguém – e se imaginar tentando ensinar a uma criança. Para ensinar é preciso saber simplificar, dar navalhadas de Occam.

Eu acredito nisto: tentar ensinar alguma coisa para alguém é a melhor maneira de aprender.

FASCINAR E O CIENTISTA DE FOGUETES

Em fevereiro de 2021, a Nasa transmitiu ao vivo a chegada do Perseverance Rover ao planeta vermelho. A chegada da nave a Marte foi um show. Pudemos assistir à "ciência de foguetes" em funcionamento, com muita tecnologia, ousadia e inovação. Apesar de todos os riscos e contratempos que poderiam surgir, o Perseverance aterrissou em Marte são e salvo, e vai nos ajudar a revelar os segredos do sistema solar – talvez de onde viemos ou para onde vamos. Ele poderá nos ajudar a descobrir também se existem outros tipos de vida lá fora ou se existiram outros antes de nós.

De onde surgem as ideias e os projetos que nos levam a feitos como esse? Como será que pensam os cientistas de foguetes? Ozan Varol, que já foi um deles, explica:

> Pensar como um cientista de foguetes é olhar o mundo por uma lente diferente. Cientistas de foguetes imaginam o inimaginável e resolvem o insolúvel. Eles transformam fracassos em triunfos e restrições em vantagens. Veem os percalços como quebra-cabeças solucionáveis, em vez de obstáculos intransponíveis. Eles são movidos não por uma convicção cega, mas pela dúvida; seu objetivo não é obter resultados de curto prazo, mas descobertas de longo prazo. Eles sabem que as regras não são imutáveis, o padrão pode ser alterado e um novo caminho pode ser forjado.[15]

Intrigante, não?

Algumas pessoas não gostam dessas conversas sobre exploração espacial. Perder tempo falando sobre foguetes, naves e viagens intergalácticas é motivo de piada no mundo sisudo dos executivos. Isso é conversa para nerds, é um desperdício intelectual e financeiro querer conquistar outros planetas quando aqui na Terra temos tantos dramas ainda sem solução.

Pode ser, mas eu o desafio a tentar analisar tudo isso por uma perspectiva menos crítica. Você já deve ter reparado que, em vários aeroportos, existem automóveis estacionados nas cabeceiras das pistas durante os fins de semana. Não imagine motoristas de aplicativos, mas outras pessoas que ficam lá, por horas, assistindo aos pousos e às decolagens dos aviões. Eu imagino que elas estão lá admirando a tecnologia, sonhando em conhecer lugares, namorando, fazendo planos, viajando. Talvez sejam pais e mães contando histórias de aventuras para seus filhos e filhas, crianças imaginando o próprio futuro de aventuras, descobertas e realizações inacreditáveis. Sonhos de vidas incríveis.

Então eu pergunto: **o que o fascina? O que, realmente, o fascina?** Não pense em coisas interessantes ou legais que chamam a sua atenção. Pense nas coisas que o fazem sonhar, o desafiam de verdade, aquelas que, se você pudesse... ah, se você pudesse... Pense naquelas coisas que fazem o seu fogo queimar por dentro.

Precisamos encontrar coisas que nos fascinam e conseguir fazer coisas que fascinem os outros. Senão os outros não vão querer estar conosco. *"Perseverance has landed!"*

O QUE É INOVAR?

Acredito que inovar passa por simplificar, ensinar e fascinar.

Quando fico fascinado por algo, isso alimenta a minha curiosidade.

Quando tento ensinar algo para alguém é que mais aprendo.

Quando simplifico, consigo resolver as situações mais complexas.

Inovar é simplesmente aprender o que os outros não aprenderam (ainda).

PARTE 2

DECODIFICANDO SINAIS

> "Ver não é acreditar; acreditar é ver! Você vê as coisas, não como elas são, mas como você é."
>
> **ERIC BUTTERWORTH**

CAPÍTULO 4
PERDER PARA ENCONTRAR

E AÍ, TUDO EM ORDEM?

Desde sempre aprendemos que ordem é uma coisa boa. Nossos pais, a escola, a religião, a sociedade ensinaram que existe uma certa ordem no mundo que precisa ser compreendida e, de alguma forma, respeitada. Fomos educados por isso e para isso. Aceita-se a ordem das coisas como algo tão imprescindível que até parece natural.

Foi por meio dessa noção que nosso mundo evoluiu: colocando tudo o que era "selvagem" a nossa volta em sua devida ordem. Organizamos tudo por meio de fronteiras, leis, hierarquias, rótulos, funções, grupos, processos, métodos e por aí vai. Um empreendimento coletivo que sempre teve menos relação com as coisas em si, e mais com a necessidade de controlá-las e torná-las mais simples e fáceis de serem entendidas pelo nosso cérebro. Veja, por exemplo, a ciência, que, por muito tempo, não foi baseada em construir coisas novas, mas em decodificar e catalogar os fenômenos antes tidos como divinos, inexplicáveis e imprevisíveis.

É impossível, porém, separar essa nossa obsessão por ordem e controle de um concomitante desejo por estabilidade e previsibilidade. Estamos condicionados a pensar que, quanto mais ordem e mais controle se exerce sobre algo, mais estável e previsível aquilo se torna. Afinal, se o que está a nossa volta puder ser compreendido totalmente, o caminhar dos fatos se tornará apenas uma extensão de trajetórias com destino predeterminado. Como explica o autor e matemático Nassim Taleb, "quanto mais sumarizadas e simplificadas as informações, mais fáceis de ordenar e, com isso, a sensação de menos imprevisibilidade".[16]

Os fins justificam os meios. A previsibilidade obtida por meio da ordem sempre exerceu um efeito calmante sobre nós. Um conforto psicológico que nos garantia que, por mais que as coisas mudassem um pouco, continuariam sob nosso controle. Que não seríamos surpreendidos, pegos desprevenidos. Se voltarmos no tempo para analisar a precariedade da situação do homem nos últimos milênios, fica claro o porquê de a previsibilidade sempre ser tão importante e como a ordem e o controle fizeram a diferença entre a vida e a morte de nossa espécie.

Mas agora alguma coisa mudou no mundo. E, com isso, tudo mudou.

AGORA, LÁ FORA. TUDO AO MESMO TEMPO AGORA.

Vivemos em tempos complexos e nunca tudo esteve tão fora de ordem. Pós-modernidade, hipermodernidade, modernidade líquida, mundo VUCA, entre outros diversos nomes, já foram utilizados para nomear o que se passa a nossa volta. Para não nos perdermos nas profundezas dos rótulos, vamos chamar, aqui, apenas de Novo Mundo.

O Novo Mundo se comporta de maneira completamente instável. A volatilidade é sua natureza essencial. Nele, nada fica em seu estado de origem por muito tempo. Ele muda hábitos, cria miragens e não se permite agarrar. Seu estado normal é a impermanência, e a mudança está completamente entremeada ao nosso cotidiano, cada vez mais travestida de normalidade. Como diz o sociólogo Richard Sennett, "a instabilidade pretende ser normal".[17]

A complexidade desse Novo Mundo não é à toa. Vivemos uma era de grandes revoluções simultâneas em várias esferas, que superam qualquer experiência vivida anteriormente pela humanidade. Revoluções sociais, culturais, tecnológicas, políticas, econômicas... Nunca tantas aconteceram ao mesmo tempo. Curvas aceleradas de transformação que, em vez de colidirem, se abastecem de ainda mais energia quando se cruzam.

Convivemos todos os dias com o que Taleb chama de "cisnes negros", fatos que escapam da nossa expectativa comum, fatos raros que têm grande impacto, operam em escalas exponenciais de transformação e agem como elemento corrosivo de diversos pilares da estabilidade de nossa vida.

Limites antes tidos como intransponíveis vão caindo por terra um a um, desafiando diretamente nossos mais profundos conceitos. Temos a crescente sensação de que não há mais limites reais a serem considerados. E apesar de ainda estarmos nos acostumando a conviver com o ensurdecedor barulho do ranger das estruturas, e mesmo assim seguimos avançando aceleradamente. Talvez, pela primeira vez na história, não temos a real noção de onde isso tudo pode parar.

No epicentro de todas essas revoluções, está a revolução tecnológica. Seu avanço nos últimos cinquenta anos é espantoso e não dá sinais de esgotamento. Exponencialmente, a tecnologia progride sem nenhum respeito pelo mundo que foi construído antes dela e não demonstra o menor apego ao mundo que ela própria constrói. Seu pecado capital é a gula – devora tudo que considera arcaico e sem valor. Simplesmente avança vorazmente como um monstro faminto por estruturas e complexidade. Pode-se afirmar que o "tempo das coisas" foi reconfigurado para o "tempo da tecnologia". O que antes levava semanas hoje leva dias. O que levava horas nem existe mais.

Há, porém, um paradoxo. Mesmo que cada pequena parte de tecnologia tenha isoladamente simplificado muitas coisas em nossa vida, sua soma terminou por devolver ao mundo uma complexidade inimaginável. Graças à tecnologia, podemos hoje executar naturalmente tarefas dignas de "ciborgues",[18] mas, ao mesmo tempo, a quantidade de informação a que somos submetidos todos os dias exige de nós habilidades de decodificação muito além das normais.

Se antes íamos atrás da informação, hoje ela jorra sobre nós de maneira desordenada, em ciclos ininterruptos e volumes absurdos. Temos a constante sensação de estar à deriva em um pequeno barco em um mar revolto que não para de jogar água em nosso convés. E lá estamos nós, com um pequeno balde furado e um grande dilema. Quanto mais o mundo muda, mais rápido o que se sabe se torna obsoleto. E, quanto mais obsoleto você se torna, mais conhecimento é necessário para adaptar-se. Ironicamente, por mais que sejamos a geração humana mais instruída de todos os tempos, temos a mais profunda sensação de fragilidade intelectual perante a magnitude de informação disponível.

Mesmo assim, os instintos ainda falam mais alto. Nosso cérebro segue sua programação-padrão, tentando exercer controle em busca de estabilidade, mesmo que a "captura do imprevisível" seja uma tarefa impossível. Vivemos cambaleantes, oscilando entre vertigem e frustração. Vertigem por tentar acompanhar o acelerado movimento das transformações constantes. Frustração porque a força bruta simplesmente não faz com que um quadrado se encaixe em um buraco redondo. Dores coletivas desse Novo Mundo que não segue as mesmas lógicas de antes.

Fato é que nos acostumamos a empilhar tantas "caixas de certeza" em nossos estoques mentais que, agora que algumas delas começam a faltar, o restante simplesmente começou a ceder, sob o peso de uma "avalanche do imprevisível". Alguns ainda seguem iludidos e recusam-se a encarar a cena desoladora. Outros, talvez um pouco mais ingênuos, seguem tentando colocar tudo de volta no lugar.

Está cada vez mais claro que o que nos trouxe até aqui não tem a capacidade de nos levar adiante. Para nossa jornada em busca de perpetuidade, precisaremos "esvaziar a mala". Devemos estar mais leves, flexíveis, desprendidos. Precisaremos abraçar a ambiguidade e a incerteza. Será necessário assumir que estar confuso é entender a realidade. Estar minimamente confuso é sinal de lucidez. Significa entender que o que se passa a sua volta é algo completamente fora de ordem, e que controle e previsibilidade são princípios pesados demais para a longa viagem que precisamos fazer.

O GRANDE DESENCAIXE

Demos essa pequena volta para, enfim, nos encontrarmos com o grande paradigma atual: toda a nossa obsessão por ordem e previsibilidade sempre refletiu diretamente no mundo dos negócios. Minha teoria particular é de que as empresas existirem da maneira que as conhecemos é um reflexo direto disso. Como nunca aprendemos a fazer nada de outra forma, nós as criamos à imagem e semelhança desse sistema.

De maneira geral, podemos afirmar que o modelo de gestão mais comum do século passado sempre prezou pelo controle e pela sistematização extrema. Ordenavam-se pessoas por cargos e hierarquias e controlavam-se recursos e prioridades por meio de planejamentos detalhados. A lógica básica sempre foi buscar o máximo de previsibilidade possível por meio de altas doses de planejamento.

Analistas financeiros e acionistas apostavam na solidez dos negócios e precificavam as empresas com base nisso. Grandes consultorias também fizeram fama e fortuna fundamentadas nessa mentalidade. Pregavam modelos de organização, métodos e processos que traziam altas doses de precisão tidas como essenciais para a prosperidade e perpetuidade de um negócio. Quanto mais controles, mais processos, mais métodos, maior a garantia de crescimento e de lucro. De alguma forma, estava implícito que, se uma empresa se organizasse muito bem, não haveria surpresas. Se planejasse muito bem, viveria para sempre.

Então veio o que chamo de "o grande desencaixe". O mundo mudou em um ritmo muito mais acelerado do que o das empresas. Duas máquinas, antes em sincronia, que agora moviam suas engrenagens em velocidades de rotação completamente diferentes. Não tinha como dar certo.

A tecnologia, da mesma forma corrosiva que tirou nossa vida de sua aparente ordem, descosturou toda a lógica histórica de gestão e inseriu a imprevisibilidade em seu cotidiano. Seu avanço faminto proporcionou o surgimento de novos modelos de negócio, que dissolveram barreiras de entrada, permitindo que o pequeno "surgisse do nada", entrasse na disputa sem pedir permissão e, muitas vezes, saísse como o grande vencedor. Fez surgir também um novo tipo de consumidor e uma nova lógica, na qual o centro gravitacional passou a ser o cliente, em vez da indústria e seus produtos. Isso colocou em xeque as sólidas cadeias de valor e as grandes margens da indústria consolidada, transformando ativos milionários em "pesos mortos" do dia para a noite. A palavra *disrupção* foi inserida à força no vocabulário das empresas.

Companhias tornaram-se órfãs de um modelo que não foi pensado para este Novo Mundo. Um modelo criado para um tempo que passava em outro ritmo, que se comportava na dinâmica de ciclos longos e duradouros. De uma década para outra, todo o arcabouço clássico tornou-se tão antigo quanto ineficiente.

Precisaremos abraçar a ambiguidade e a incerteza. Será necessário assumir que estar confuso é entender a realidade.

Como não podia ser diferente, muitas empresas negaram essa realidade, esperando que o seu poder historicamente acumulado fosse suficiente para "dobrá-la". Ergueram altos muros de negação, encarceraram-se em suas fortalezas sitiadas e, como em um mecanismo primitivo de defesa, dobraram as apostas no que sempre fizeram. Em vez de buscarem estratégias rápidas de adaptação, voltaram-se para a boa e velha eficiência operacional. Projetaram cortes de custos para passar pelo período turbulento. Prometeram empresas mais ágeis e sinérgicas. Na verdade, porém, só queriam ganhar tempo, torcendo para que um milagre acontecesse. Um pensamento mágico típico de crianças assustadas que fecham os olhos para os monstros sumirem de seu quarto.

Curto-circuito! O que antes garantia a sobrevivência hoje é a causa da morte. O remédio buscado foi o próprio veneno. Ironicamente, quando o problema é o seu negócio em si, quanto mais fechado você fica, mais o risco se concentra. A lógica é parecida com a de cozinhar lentamente um sapo vivo – o animal vai se acostumando aos poucos com o aumento da temperatura da água e nem percebe que está prestes a morrer. Os muros de negação intencional também fazem com que o calor da transformação do mundo entre aos poucos. Trancado lá dentro, você não percebe, mas a temperatura não para de subir. E aí, quando percebe, já foi: você é a refeição.

Empresas descobriram no choque que, após a "zona de negação", não há a "zona de adaptação", somente a "zona de crise". Uma crise que vem sob a forma não de uma queda de vendas temporária, mas de obliteração completa dos negócios. Indústrias inteiras derreteram. Consumidores simplesmente passaram a ignorar as empresas líderes quase como uma tácita vingança acumulada por serviços mal prestados. E, no abismo do imprevisível, não há planejamento que garanta perpetuidade. A ilusão idealizadora de uma realidade que não existia mais tornou-se apenas um desenho borrado pelas lágrimas dos fracassados.

Imagino que todos devem ter em sua memória uma empresa que deixou de existir. Para mim, é a Blockbuster. Lembro-me perfeitamente do "programa" das sextas-feiras à noite, do "boa noite" que ganhava ao entrar na loja, do cheiro, dos doces no check-out e de tudo o que fazia parte daquela experiência. Mas me lembro também, com a mesma intensidade, de, alguns anos depois, andar pela cidade e ver os melhores pontos comerciais marcados com uma espécie de "aqui jaz um modelo de negócio".

A queda da Blockbuster equivale ao "11 de Setembro" das organizações. Não no sentido da tragédia humana, mas no fator simbólico. Ela foi muito real, muito viva, muito presente. Não foi algo de que ouvimos falar ou que vimos nos livros, mas uma morte testemunhada, percebida. Um "atentado do novo" contra o que sempre se acreditou como sólido e previsível.

O filósofo Slavoj Žižek comenta, sobre o 11 de Setembro, que "não foi a realidade que invadiu a nossa imagem: foi a imagem que invadiu e destruiu a nossa realidade".[19] E foi exatamente isso com a Blockbuster. Assim como assistimos na TV à ameaça do terrorismo se materializar por aviões reais atacando prédios reais, assistimos ao vivo à queda de um gigante corporativo, e essa imagem invadiu a nossa realidade. Tornou-se um marco real de como os gigantes caem quando negam a realidade. Monumentos reais nos melhores pontos das cidades homenageando o triste destino daqueles que não se adaptaram.

Para as empresas e seus executivos, aquilo não deixou de ser um grande aviso: "Cuidado, você pode ser o próximo". Uma lembrança diária de que não há sombra sob o sol da disrupção. Como diz Elias Canetti, "é o primeiro morto que contagia todos com o sentimento de ameaça".[20]

E, no momento em que "o grande desencaixe" torna a extinção das empresas um problema real e presente, a busca pela perpetuidade passa a ser o novo paradigma a ser perseguido.

CAPÍTULO 5
RENASCER PARA VIVER

INCRÍVEIS COINCIDÊNCIAS

Nos últimos meses, li mais de 10 mil páginas de histórias e estudos de caso a respeito das empresas mais conhecidas do mundo: Nike, Apple, Starbucks, McDonald's, Walmart, Amazon, Coca-Cola, Facebook e outras tantas.

É curioso reconhecer a enormidade de "coincidências" na trajetória dessas companhias, tanto na história do empreendedor quanto nos desafios enfrentados pelas empresas em alguns de seus momentos mais importantes. Está claro que, para que pudessem atingir seus objetivos, foi preciso desapegar da forma e focar no porquê. Muitas vezes, revisitando os fatos históricos, parecia não fazer o menor sentido. Por que abandonar coisas que dão tão certo para se aventurar em algo tão desconhecido?

Steve Jobs, fundador da Apple, disse certa vez uma frase que ajuda a entender um pouco disso: "Você não consegue ligar os pontos olhando para a frente; só consegue ligá-los olhando para trás. Então você precisa confiar que os pontos se ligarão algum dia no futuro. Você precisa confiar em algo – instinto, destino, vida, carma, o que for".[21]

No início deste livro, eu disse que a busca pela perpetuidade das empresas exige um salto de fé em direção ao desconhecido. A partir do momento em que você toma consciência de que o fim se aproxima, não há alternativa a não ser dar o próximo passo.

Mark Zuckerberg, fundador e CEO do Facebook, publicou recentemente em seu perfil na rede social um texto que mostra a importância de olhar para a frente em busca do próximo passo:

> Estamos construindo a próxima grande plataforma de computação com realidade aumentada e virtual. Isso proporcionará a experiência da "presença" – de que você está ali com outra pessoa. Abrirá oportunidades, permitindo que você se teletransporte para qualquer lugar sem precisar se deslocar.[22]

A mensagem completa celebra os dezessete anos de existência do Facebook, fala das suas conquistas e detalha alguns novos projetos. Mas esse trecho, em especial, chama a atenção. É um sinal que apareceu nos nossos radares e não deve ser ignorado.

O que o fundador do Facebook diz com isso vai ao encontro da frase de Steve Jobs e ao pensamento de Jack Ma sobre continuar gerando valor independentemente da forma. Hoje o Facebook entrega um tipo de experiência de conexão, mas Zuckerberg já se direciona para o próximo passo. Afinal, ele sabe que, se não o fizer, outros farão.

O Facebook foi criado em fevereiro de 2004 com o objetivo de estabelecer uma comunidade on-line para os alunos de Harvard, onde Mark estudava. Junto de mais quatro sócios – incluindo o brasileiro Eduardo Saverin –, estavam construindo a maior rede social do mundo.

Não que fosse a primeira. O Orkut, por exemplo, havia sido fundado naquele mesmo ano, em janeiro, e rapidamente conquistou milhões de usuários ao redor do mundo. O LinkedIn, com foco em ser uma rede social para profissionais, já havia sido criado em 2002.

SINAIS FRACOS

O fato importante é que o Facebook tomou uma proporção jamais vista por uma empresa de internet até então. E eis que, em 2010, o Facebook percebeu um sinal fraco e distante no seu radar. Surgia ali uma nova rede social, o Instagram, curiosamente também com um brasileiro entre seus fundadores, Mike Krieger.

Esse sinal fraco, quase imperceptível, que aparece nos radares é, na maioria das vezes, ignorado pelas empresas. E esse é o grande erro. Tal qual óvnis que aparecem do nada e se locomovem na velocidade da luz, uma empresa altamente inovadora pode passar de um sinal insignificante no radar para uma ameaça em potencial em pouquíssimo tempo. A câmera digital da Kodak era um sinal fraco no radar, um pontinho tão pequeno perto da enormidade do mercado de filmes digitais, que foi sumariamente ignorado.

Mas o Facebook agiu de maneira diferente. Ao perceber aquele sinal no radar, passou a monitorá-lo e a acompanhá-lo de perto – até que entendeu que aquela nova rede social poderia pôr fim ao seu ciclo de sucesso. Para garantir um próximo ciclo virtuoso, era preciso reagir àquela ameaça. Em 2012, o Facebook comprou o Instagram por 1 bilhão de dólares, transformando a ameaça real em um potente tônico revigorante para converter um possível futuro de queda em mais um ciclo de ascensão e domínio.

Alvo: Instagram
2010: Fundação do Instagram
2012: Facebook compra o Instagram por US$ 1 bilhão, menos de dois anos após sua fundação e cria um novo ciclo de perpetuidade.

Alvo: TikTok
2016: Fundação do TikTok
2020: Facebook lança, no Instagram, a função Reels, idêntica ao feed do TikTok, em uma tentativa de se proteger da rede social chinesa.

Alvo: Snapchat
2011: Fundação do Snapchat
2013: Facebook oferece US$ 3 bilhões para comprar o aplicativo, mas a oferta é recusada.
2014: Facebook lança no Instagram funções semelhantes às do Snapchat, como mensagens diretas.
2018: Facebook lança o Stories e faz o número de usuários do Instagram crescer exponencialmente.

Alvo: Clubhouse
2020: Fundação do Clubhouse
2021: Há vários rumores na imprensa de que o Facebook já trabalha em uma solução parecida. Mark Zuckerberg criou uma conta na nova rede social e interagiu por lá.

Alvo: WhatsApp
2009: Fundação do WhatsApp
2014: Facebook compra o WhatsApp por US$ 16 bilhões e adiciona centenas de milhões de usuários ao seu ecossistema. Foi uma jogada pensando na proteção do Facebook Messenger.

Alvo: Google+
2011: Lançado pelo Google em 2011, não gerou reações imediatas do Facebook.

Voltando para o presente, o que Zuckerberg disse na sua postagem é reflexo disso. Existe uma certeza de que continuar fazendo as mesmas coisas não garantirá a perpetuidade da companhia. Por isso, estão se aventurando na construção da "próxima grande plataforma de computação". Esse será o futuro das redes sociais? Interação ao vivo via realidade aumentada e virtual, como ele diz? Ninguém sabe a resposta ainda. Como falou Steve Jobs, só saberemos se esses pontos se ligarão quando olharmos para trás, daqui a alguns anos.

O Facebook é um bom exemplo sobre perpetuidade. E, na contramão, o Yahoo! é um bom *case* para olharmos na via oposta. Fundado em 1994, no Vale do Silício, foi o grande site de buscas na internet por muito tempo. O Google, que hoje domina esse mercado e engloba 85,86% de todas as pesquisas feitas na internet, foi lançado quatro anos mais tarde, também no Vale do Silício.[23]

A situação das duas empresas hoje é muito diferente. O Google está entre as cinco empresas mais valiosas do planeta, enquanto o Yahoo! responde a apenas 2,76% das pesquisas feitas na internet. O Yahoo! poderia ter criado um novo ciclo de perpetuidade quando teve a chance de comprar o Google, em 1998, e não o fez. O valor da negociação era de apenas 1 milhão de dólares e, àquela altura, o Yahoo! já valia mais de 1 bilhão de dólares. O Google era um sinal fraco no radar do Yahoo!, que entendeu não ser uma ameaça. Para uma empresa avaliada em mais de 1 bilhão, um novo competidor que vale 0,1% desse montante é pequeno demais para oferecer algum risco.

Dessa vez, os pontos não se conectaram e o movimento do Yahoo! se mostrou completamente errado. A empresa não cuidou de controlar aquilo que poderia destruí-la e permitiu que agentes externos o fizessem. Em 2002, ao perceber o movimento equivocado, tentou comprar o concorrente por 3 bilhões de dólares. A contraproposta de Larry Page e Sergey Brin, fundadores do Google, foi de 5 bilhões, e o Yahoo! desistiu do negócio.

A perpetuidade, que tanto tenho citado aqui, não significa uma *infinitude* plena. Está mais para "ser eterno enquanto dure" do que qualquer outra coisa.

Resultado: o Google dominou o mercado, e o Yahoo! continuou ignorando os sinais e as chances de perpetuidade. Em 2008, naquela que talvez tenha sido sua última grande chance, recusou a oferta da Microsoft para se incorporar à empresa pelo valor de 40 bilhões de dólares. Oito anos depois, concretizou sua venda para a Verizon por 4 bilhões. Naquele momento, o Google já era avaliado em 550 bilhões de dólares.

A perpetuidade, que tanto tenho citado aqui, não significa uma *infinitude* plena. Está mais para "ser eterno enquanto dure" do que qualquer outra coisa. Toda empresa nasce, cresce e morre. E, no último estágio, está a oportunidade de iniciar um novo ciclo de perpetuidade com prazo de validade.

Isto foi o que aconteceu:

Ascensão e queda do yahoo!

Yahoo — 1994
Fundação da empresa, no Vale do Silício.

Google — 1996
A empresa é fundada em uma garagem no Vale do Silício.

YAHOO!
Rejeitou comprar o Google por US$ 1 milhão.

1998

YAHOO!
Tenta comprar o Google por US$ 3 bilhões e não aceita contraproposta de US$ 5 bilhões.

2002

Google — 2004
Abre capital na bolsa, avaliado em US$ 25 bilhões.

YAHOO!
Rejeitou oferta de venda de US$ 44 bilhões da Microsoft.

2008

yahoo! — 2016
Vendido por US$ 4 bilhões para Verizon. Detém menos de 3% do mercado de buscas. Google lidera com 85,86%.

RENASCER PARA VIVER

Mas poderia ter sido assim:

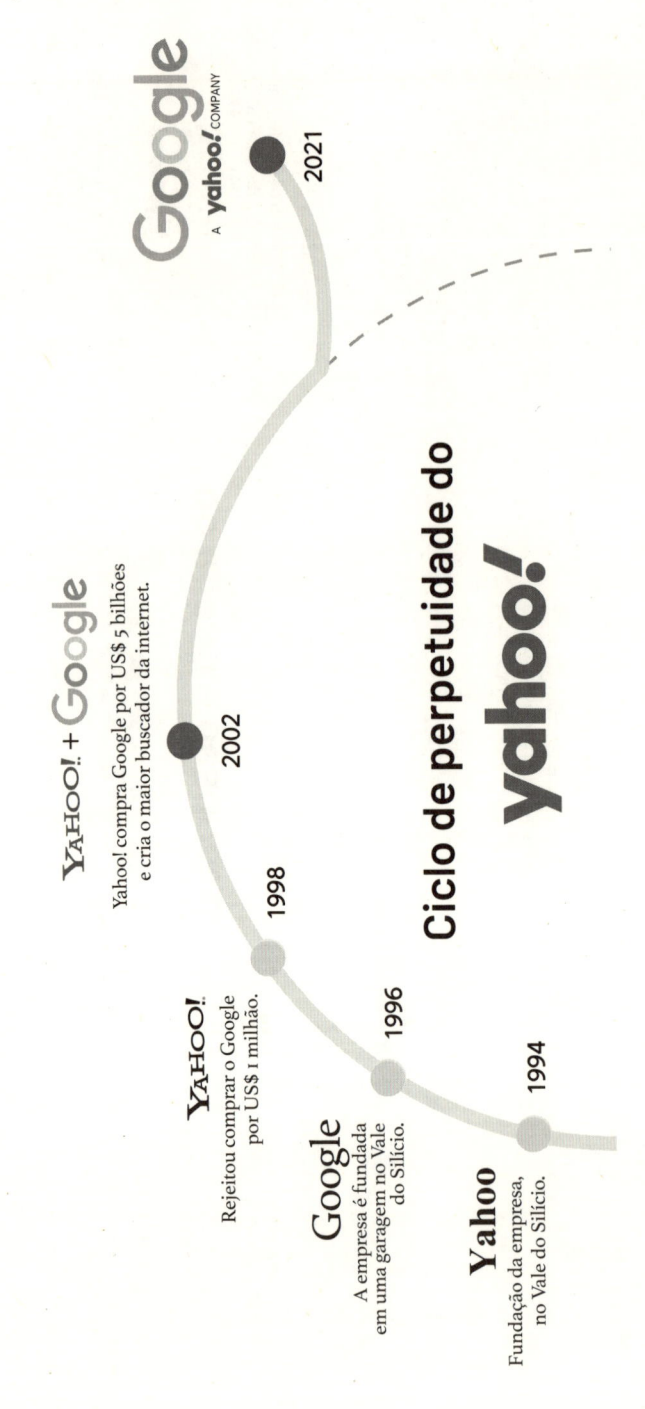

Ciclo de perpetuidade do yahoo!

Yahoo — 1994
Fundação da empresa, no Vale do Silício.

Google — 1996
A empresa é fundada em uma garagem no Vale do Silício.

Yahoo! — 1998
Rejeitou comprar o Google por US$ 1 milhão.

Yahoo! + Google — 2002
Yahoo! compra Google por US$ 5 bilhões e cria o maior buscador da internet.

Google A yahoo! COMPANY — 2021

ORGANIZAÇÕES INFINITAS

Ter um negócio perpétuo – ou infinito – não significa tê-lo do mesmo jeito sempre, mas criar as condições para que ele perdure no tempo ou, então, consiga se adaptar às mudanças. Uma coisa, porém, é imprescindível: observar os sinais, por menores e mais fracos que possam parecer.

CAPÍTULO 6
CRER PARA VER

OS SINAIS INEVIDENTES ESTÃO GRITANDO DIANTE DE NÓS

A rotina e o sucesso parecem inibir a capacidade de alguém aceitar a incerteza e perceber as mudanças. Mas chegamos a um ponto em que a maioria já entendeu que precisamos urgentemente de novas ferramentas e habilidades para lidar com elas – a incerteza e as mudanças.

Cada pessoa tem a sua maneira – e as suas manias – de se manter informado. Buscamos informações na mídia tradicional, nos grupos de WhatsApp ou até experimentamos salas do Clubhouse. Procuramos mergulhar em livros com títulos provocativos ou nos tornamos seguidores de influenciadores que nos trazem regularmente informações do momento. Investimos tempo trocando ideias no nosso círculo de mentores de confiança ou tentamos expandir nosso networking conhecendo gente nova todos os dias. Planejamos voltar a estudar nos cursos certificados por escolas tradicionais ou nos engajamos em novos cursos rápidos e dinâmicos que aceleram a nossa capacidade de entender o que está acontecendo agora. Enfim, estamos sempre tentando saber das coisas, alguns de nós de maneira mais informal e intuitiva, outros de maneira mais estruturada e disciplinada. Independentemente do estilo, o que faz a diferença é a curiosidade, intensidade, frequência e amplitude da busca pelo saber.

Estamos todos tendo a desconfortável sensação de que não estamos conseguindo aprender o suficiente. A velocidade das mudanças tem sido tão grande que precisamos gerenciar a ansiedade de não saber das coisas. Mas fique tranquilo, pois, como eu tenho aprendido, o mais importante não é mais aquilo que você sabe, mas a maneira como você pensa. Existem muitas coisas que estão bem diante das pessoas, mas elas simplesmente não conseguem perceber ou compreender porque não são capazes de pensar diferente. Para quem é acostumado a ver apenas o que sempre viu, os sinais da mudança não são tão evidentes, é como se estivessem em um ponto cego.

Precisamos aprender a detectar e decodificar também os sinais inevidentes, aqueles que parecem fracos, mas têm um imenso poder de transformação. Hoje, mais do que nunca, as nossas organizações estão sendo desafiadas a se refundar constantemente – esse não é um discurso alarmista para gerar audiência, é sério e urgente.

Para que possamos explicar a importância do conceito de Organizações Infinitas, vamos navegar por alguns dos "sinais inevidentes" que estão aparecendo nos radares corporativos e nos ajudaram a pensar melhor.

SINAL 1: ZUMBIS

Existem muitos estudos e relatórios de instituições de pesquisa e empresas de consultoria sobre tendências de mercado e gestão de negócios. Histórias de sucessos e de fracassos. As interpretações do que aconteceu e as predições do que está por vir são narradas diariamente. Obviamente, analisar os fracassos do passado é sempre mais fácil do que predizer os sucessos futuros. Entretanto, vamos iniciar interpretando sinais capturados de um relatório da Deloitte sobre empresas do Canadá.[24]

O relatório descreve que um grande risco ao futuro econômico do Canadá está relacionado às empresas que ficam na *mesmice*, aquelas que não evoluem. O relatório destaca que ter uma empresa que apenas se mantém viva não é o mesmo que construir um negócio que se adapta, prospera e continua a vencer à medida que o tempo passa. O risco para o futuro, na visão do governo canadense, é apresentado assim: "Nós estamos preocupados com a dinâmica geral de negócios. Nós possuímos muitas empresas mais velhas, de baixo crescimento, que, bem... existem. Em vez de seguirem um ciclo natural de negócios, elas ficam travadas no neutro, nem acontecem saídas (*vendas e aquisições*) nem continuam a crescer".[25]

A preocupação com esse tipo de empresa também é um alerta da Organização para a Cooperação e Desenvolvimento Econômico (OCDE), que as chama de "empresas zumbis". As empresas zumbis são aqueles negócios já maduros cujos ganhos não são suficientes para cobrir os pagamentos de juros de suas dívidas, mas ainda assim conseguem sobreviver, desviando capital e talento de empresas mais produtivas e prejudicando a capacidade de crescimento de empresas mais jovens e dinâmicas. Estima-se que 16% das empresas negociadas publicamente no Canadá estejam nessa categoria.[26]

O que você percebe? Nós percebemos que:

- **Empresas que simplesmente se perpetuam, mas que criam valor apenas para si mesmas, podem estar corroendo o valor de toda uma sociedade;**
- **Em tempos de profundas e aceleradas mudanças, se não nos renovarmos, poderemos acabar como mortos-vivos;**

- O objetivo de uma organização não é apenas o resultado do trimestre; e as organizações deveriam cobrar de suas lideranças estratégias para um sucesso recorrente e duradouro;
- Não dá mais para ficar deitado em berço esplêndido, todos precisamos nos reinventar.

SINAL 2: CRIANÇAS SUBINDO EM ÁRVORES

Uma boa governança é fundamental para o sucesso de qualquer tipo de organização. Mas muitas empresas admiráveis têm fracassado mesmo sendo adeptas das melhores práticas de governança corporativa. Então como saber se a governança ainda é boa?

Vamos recapitular brevemente. Segundo o Instituto Brasileiro de Governança Corporativa (IBGC), "governança corporativa é o sistema pelo qual as empresas e demais organizações são dirigidas, monitoradas e incentivadas, envolvendo os relacionamentos entre sócios, conselho de administração, diretoria, órgãos de fiscalização e controle e demais partes interessadas".[27] Já a publicação "Corporate Governance", da *Harvard Business Review*, nos ajuda entender a diferença entre governança e gestão: "Por governança corporativa, entendemos os processos, estruturas e relacionamentos por meio dos quais o conselho de administração supervisiona o que seus executivos fazem. Por gestão corporativa, entendemos o que os executivos fazem para definir e atingir os objetivos da empresa".[28]

Existem muitos métodos e práticas que orientam as empresas a desenvolver uma "boa governança", embora alguns defendam que, no fim, tudo se resume a promover a ética empresarial (e coibir os riscos da falta dela). Por tal razão, a expressão é mais lembrada quando vêm a público histórias de maus comportamentos de empresários e executivos que causaram danos às suas empresas e às partes interessadas (*shareholders* e *stakeholders*). Lamentavelmente, os acontecimentos tristes de desmandos, roubalheiras e conflitos de interesses em uma má empresa podem afetar negativamente uma outra empresa boa que não tem nenhuma relação com a primeira. O medo de que um evento triste ocorra na segunda empresa pode fazer com que os responsáveis dela – conselheiros, executivos, investidores e colaboradores – sejam acometidos pela aversão total ao risco, a *atychiphobia*, que é o medo de falhar.

E isso é terrível, pois o medo de errar é quase sinônimo do medo de inovar. As atuais boas práticas de gestão e governança foram fundamentais para manter as empresas competitivas até agora. Foram essas técnicas que mantiveram as empresas inovando, senão elas já estariam fora do jogo. Mas precisamos reconhecer que a *inovação tradicional* não promove mudanças urgentes ou *disruptivas*. Essa abordagem é zelosa, cautelosa e, frequentemente, lenta. Você já deve ter ouvido alertas como: "Cuidado com o dinheiro do nosso acionista", "cuidado com a nossa marca", "só fazemos se for perfeito", "devagar com o andor". São alertas importantes, mas, em excesso, podem condenar o seu infinito.

O estilo da *inovação tradicional* não era um problema, mas uma virtude. No fim, tudo acabava bem, pois esse modelo mental era comum a todos os concorrentes no mercado. Logo, o problema do grande banco A era o grande banco B; o da grande montadora X era a grande montadora Y; o da conceituada universidade 1 era a respeitada universidade 2; o do famoso canal de TV Z era o conhecido jornal W... e assim por diante. A vida era assim, até o dia em que deixou de ser.

O tempo da "melhoração" (uma melhoria incremental, que se contrapõe às melhorias radicais, as inovações) do propósito frágil, da previsibilidade ingênua e da lentidão para aprender e fazer o novo parece estar com os dias contados. O mundo está vendo surgir uma nova dinâmica de criação e desenvolvimento de negócios, pois existe um ritmo diferente de inovação no ar. Eu não sei quanto custa inovar, mas sei que nunca esteve tão barato como agora. Portanto, não inovar está custando muito caro.

Essa nova dinâmica de inovações pervasivas está não apenas ampliando as alternativas para os clientes como também dificultando a compreensão de quem são realmente os concorrentes. A competição está mais assimétrica (pequenininho podendo disputar com o grandão) e transversal (empresas de um setor invadindo outros mercados). Ficar atento apenas aos atuais concorrentes e ao setor de atuação da empresa tem causado miopia estratégica.

Mas o que isso tem a ver com governança? Tudo! A boa governança precisa se adaptar aos novos contextos e reencontrar o equilíbrio entre *conformance* (conformação) e *performance*.

Em primeiro lugar, deve ser inegociável a conformidade com padrões éticos e morais. Mas, embora utilizar boas práticas seja uma estratégia interessante, o que fazer se as boas práticas ficam obsoletas diante das *novas práticas*? Como criar um ambiente que incentiva a descoberta, que quebra regras inúteis e preconceituosas que criaram muros apenas para proteger o *statu quo*?

Em segundo lugar, deveria ser inaceitável também valorizar desproporcionalmente o resultado de curto prazo. Existe uma tendência natural – justificada por tantos exemplos ruins – por priorizar a gestão do risco da perda imediata e procrastinar o risco da obsolescência. A verdadeira boa governança deveria ser aquela que incentiva a empresa a reaprender todos os dias, renovando-se frequentemente, mirando a perpetuidade.

Infelizmente, percebemos que a governança corporativa para muitas empresas tem se assemelhado aos pais que não deixam filhos subirem em árvores. O amor desses pais pelo seu bem maior é tamanho que eles não suportariam vê-los se machucar. Entretanto, como se desenvolverá uma criança que não tem o direito de brincar, se aventurar e aprender?

O que você percebe? Nós percebemos que:

- A boa governança é aquela que busca sempre inibir o pior e fazer brotar o melhor das pessoas;
- A governança precisa ter menos receio de novas práticas e mais medo de ficar presa nas velhas práticas;
- A governança precisa ter coragem de se renovar para buscar incansavelmente a perpetuidade da organização, renovando frequentemente o seu sucesso.

SINAL 3: SEMPRE DIA 1

Walter Isaacson escreveu a biografia de pessoas incríveis, como Albert Einstein, Leonardo da Vinci, Steve Jobs, Jennifer Doudna, e ele disse que Jeff Bezos, o fundador da Amazon, deveria estar nessa lista. No prefácio do livro *Invent and Wander* [Inventar e perambular],[29] em que reproduz e comenta todas as cartas de Bezos aos seus investidores, o biógrafo afirma que essas pessoas incríveis que ele estudou eram muito inteligentes, mas não é isso que fez delas pessoas realmente geniais e inovadoras. Para ser inovador, o que de fato conta é ser criativo e imaginativo, e a condição básica para isso é ser curioso. Isso me faz lembrar de uma das famosas frases de Albert Einstein: "Eu não tenho nenhum talento especial, sou apenas apaixonadamente curioso".

Desde 1997, Jeff Bezos escreveu pessoalmente as cartas anuais aos seus investidores, e por meio delas hoje é possível entender melhor os segredos e estratégias da Amazon. A primeira e emblemática carta, conhecida pelo mote *"It's all about the long term"* ou, em tradução livre, "O que importa é o longo prazo", iniciava-se assim:

> Acreditamos que uma medida fundamental do nosso sucesso será o valor que criamos para o acionista no longo prazo. Esse valor será resultado direto de nossa capacidade de ampliar e solidificar nossa atual posição de liderança no mercado. Quanto mais forte for nossa liderança de mercado, mais poderoso será nosso modelo econômico. A liderança de mercado pode se traduzir diretamente em maior receita, maior lucratividade, maior velocidade de capital e, dessa forma, maior retorno sobre o capital investido.

Ele deixava claro para quem quisesse investir na Amazon que continuariam a "tomar decisões considerando a liderança de mercado no longo prazo em vez da lucratividade ou reações de Wall Street no curto prazo".[30] Nenhum de nós é capaz de prever quanto durará a saga da Amazon, mas ela aponta para o infinito. Um dos sinais que nos faz acreditar nisso é outra doutrinação de Bezos: a fixação pelo Dia 1. Ele repetiu o termo de maneira consistente nas suas cartas durante 22 anos (1997-2018): "Continua sendo o Dia 1".

O que significa Dia 1? Segundo Bezos, existem apenas dois momentos nas empresas: o Dia 1 e o Dia 2. "Dia 2 é estagnação. Seguida por irrelevância. Seguida por declínio excruciante e doloroso. Seguido por morte. E é por isso [que aqui na Amazon] é sempre Dia 1".[31] Ele também revela o seu segredo para se manter no Dia 1: "Obsessão pelo cliente, uma visão cética sobre representantes indiretos [*proxy*], o desejo de adotar tendências externas e a alta velocidade na tomada de decisões".[32]

O Dia 1 lembra o estilo startup, mas não é exatamente isso, pois estamos falando de organizações que já cresceram e tiveram sucesso. No início, uma startup tem um time pequeno e responsável por tudo,

O mais importante não é mais aquilo que você sabe, mas a maneira como você pensa.

e, apesar das dificuldades, esse ambiente de alto fluxo de informação e senso de responsabilidade torna o time coeso. Não tem como alguém se esconder da responsabilidade. Se tiver sorte, a startup crescerá e será obrigada a expandir o time e se tornar de fato uma empresa, uma organização. Geralmente, no início, a empresa será rápida, ágil e manterá uma mentalidade de aceitação de riscos, mas, à medida que cresce, se torna mais complexa e hierarquizada. A tendência é virar Dia 2, uma organização caracterizada pela lentidão, rigidez e aversão a risco. É contra isso que Jeff Bezos lutou todos os anos. E teve sucesso.

O que você percebe? Nós percebemos que:

- **"It's all about the long term", ou seja, a forma de criar valor verdadeiro é pensar no longo prazo, e para isso é preciso agir agora;**
- **Se você não fizer nada, a sua empresa não permanecerá no Dia 1;**
- **Todas as desculpas nos levam ao Dia 2.**

SINAL 4: 102 ANOS

A Alibaba é uma jovem e gigante empresa de tecnologia da China. Onipresente, poderosa e polêmica, alcançou o status de maior empresa em valor de mercado em uma economia também gigante, mas com regras e comportamentos não facilmente entendidos pelos ocidentais.

Não é fácil compreender todo o ecossistema de negócios e o contexto político-cultural da Alibaba e da China como um todo, mas vamos tentar. Iniciaremos pelo seu fundador, Jack Ma, uma figura única, quase lendária. Em 1999, Jack Ma gravou um vídeo com um discurso visionário e apaixonado sobre o futuro da Alibaba para seus dezessete amigos-sócios.[33] Naquela época, a empresa era apenas um site do estilo "páginas amarelas", mas na internet. No vídeo, ele defendeu que os concorrentes da Alibaba não eram os sites domésticos na China, mas as empresas que estavam no Vale do Silício, nos Estados Unidos, e, portanto, o site deveria ser global. Para isso, deveriam aprender a trabalhar duro como no Vale do Silício. "Todo mundo sabe que a internet é uma bolha que em algum momento vai estourar em uma empresa ou outra, mas o sonho da internet nunca vai estourar."[34] Ele previu que esse esforço levaria a Alibaba ao seu IPO na bolsa de valores em 2002. Na verdade, porém, o IPO saiu apenas em 2014, mas foi o maior da história até então, capturando 21,8 bilhões de dólares, valor superior aos IPOs do Google, do Facebook e do Twitter combinados.[35]

A Alibaba aponta para o infinito com sua missão de "Tornar fácil fazer negócios em qualquer lugar" e sua estratégia com foco no longo prazo, intitulada 102 Anos:

> Para uma empresa que foi fundada em 1999 durar 102 anos significa que teremos atravessado três séculos, uma conquista que poucas empresas podem reivindicar. Nossa cultura, nossos modelos de negócio e sistemas são construídos para durar, para que possamos alcançar a sustentabilidade no longo prazo. O objetivo final da Alibaba é criar valor e ajudar a encontrar soluções para os desafios da sociedade. Queremos converter os recursos da Alibaba em combustível para pequenas e médias empresas que, por sua vez, apoiarão o avanço de toda a sociedade.[36]

O que você percebe? Nós percebemos que:

- As lideranças chinesas enfatizam o valor do longo prazo;
- As lideranças chinesas enfatizam o trabalho duro no agora;
- Para mirar no longo prazo, você deve articular formas de criar valor para os outros.

SINAL 5: PÔNEIS, UNICÓRNIOS, QUIMERAS E HIDRAS

Quando surgem novas tendências que podem mudar o mercado, as pessoas reagem com medo, dizendo: "Ah, aqui não! Aqui é diferente!". Algumas coisas são de fato apenas modismos, mas outras, quase inacreditáveis, surpreendentemente viram realidade.

Uma dessas coisas está associada ao termo "unicórnio" – o apelido dado a uma startup que atinge valor (*valuation*) superior a 1 bilhão de dólares sem ter suas ações negociadas publicamente, remetendo mesmo à criatura mitológica. O termo é controverso, pois não existe uma regulação para isso e, assim, para alguns, virou quase uma jogada de marketing. A primeira pessoa a usar a expressão no mundo das startups foi possivelmente a investidora Aileen Lee em 2013, justamente para explicar quanto seria raro – quase impossível – pensar que uma pequena empresa de garagem pudesse atingir tamanho valor.[37]

Falar de unicórnios no Brasil era motivo de piadas e de muitos "ah, aqui não!". Mas, no início de 2018, a chinesa Didi fez um aporte à startup brasileira 99, que se tornou oficialmente a primeira unicórnio do Brasil.[38] Desde então, os unicórnios começaram a surgir com mais frequência e, no início de 2021, o Brasil já contava com vários: Nubank, Wildlife Studios, Creditas, iFood, Loggi, Quinto Andar, EBANX, Loft e MadeiraMadeira – possivelmente também Gympass, VTEX e Arco Educação. Na Argentina, há a Prisma e a Auth0. Na Colômbia, a Rappi e a LifeMiles. No México, a Kavak se diz o primeiro unicórnio da região.[39] Em janeiro de 2021, o mundo já contabilizava cerca de 547 unicórnios, e, em junho do mesmo ano, a contagem saltou para 700.[40] Ninguém consegue precisar ao certo a quantidade de unicórnios no mundo, pois nem todas as transações precisam ser públicas. Além disso, a contagem é difícil, já que alguns desaparecem e outros perdem o status por serem incorporados ou abrirem seu capital.

Mas os apelidos criativos não param por aqui. Nós aprendemos que existem também os pôneis, que são as startups nos seus estágios iniciais que podem crescer, se desenvolver e acabar se tornando unicórnios. Qualquer empresa no mercado hoje precisa entender que está competindo também com manadas de pôneis que podem vir a se transformar em unicórnios.

Precisamos criar mais apelidos para nos ajudar a entender outros tipos de empresa no novo tabuleiro do mercado, como as quimeras, animais mitológicos que têm partes de diversos animais. Imagine algo que pode ser isso, aquilo e ainda algo mais. Ela é do varejo, mas também de logística, oferece serviços financeiros e constrói foguetes para ir ao espaço. Uma estranha mistura de *retailtech*, *logtech*, *fintech*, *spacetech* e nem sabemos o que mais. Antigamente isso seria chamado de falta de foco, hoje chamamos de quimeras. As chamadas *big techs* têm estilo de quimeras. Elas podem fazer – e têm feito – qualquer coisa que acham que vale a pena experimentar.

Mas, além de unicórnios, pôneis e quimeras, detectamos que existiam outros estilos de empresa: as hidras – criaturas mitológicas que tinham corpo de dragão e diversas cabeças de serpente, e, quando uma das cabeças era cortada, nasciam duas em seu lugar. Criativamente, utilizamos a imagem da hidra para ilustrar aquelas empresas que as pessoas acham que vão morrer ou que não vão conseguir se reinventar, mas elas acabam ressurgindo mais fortes após um grande revés.

No Brasil, uma candidata a hidra poderia ser o Magalu (Magazine Luiza), uma empresa tradicional do varejo brasileiro que se transformou – ou talvez seja mais correto dizer que engrenou em um processo de transformação contínua. Na divulgação dos resultados da empresa de 2019, ainda antes da pandemia de covid-19, a diretoria do Magalu afirmou: "A revolução digital tem gerado inúmeras consequências para os negócios dos mais variados setores. Ela mudou os parâmetros, os modelos de negócio e as regras que, durante décadas, estavam consolidadas na academia e no manual de melhores práticas difundidas por consultores e adotadas por incumbentes vencedores." É possível sentir o cheiro da hidra nessa mensagem. Mais adiante, o Magalu mostra o caminho: "Durante dezoito anos, nós, do Magalu, montamos um bem-sucedido modelo estratégico de linha. Nos tornamos uma empresa multicanal e lucrativa no ramo de bens duráveis. Mas, em 2018, decidimos que nosso formato nesse novo mundo seria o de plano. Passaríamos a ser um ecossistema, com foco em varejo." [41]

Mais adiante, falaremos sobre os conceitos de ponto, linha e plano, mas, por enquanto, fica a observação de que no futuro todos seremos empresas de tecnologia.[42] Assim como ninguém pergunta se você utiliza eletricidade na sua empresa ou se é uma empresa "eletrificada", ninguém vai perguntar se a sua empresa é digital. Todas elas terão (ou serão) uma plataforma ou estarão conectadas a outras plataformas – eventualmente, até de concorrentes.

Resumindo, então, o tour pelo nosso exótico zoológico do novo mercado: *pôneis* nascem aos montes e desaparecem quase na mesma velocidade; *unicórnios* eram raros, mas possivelmente os veremos surgir em tropas (momentos de picos de investimentos em determinado nicho) e acabarão desaparecendo da mesma forma (estouro de bolhas); ainda assistiremos a novas histórias de *dinossauros* (em extinção), mas alguns deles podem nos surpreender se tiverem o espírito da *hidra*. E, no fim, todo mundo vai querer ser uma *quimera*.

O que você percebe? Nós percebemos que:

- Está cada vez mais complexo entender quem está competindo com quem;
- Há crescimento na competição assimétrica (pôneis e unicórnios disputando com empresas estabelecidas);

- Há um crescimento na competição transversal (unicórnios, hidras e quimeras invadindo múltiplos setores);
- Sempre é cedo para declarar vitória, mas nunca é tarde para começar e recomeçar (pôneis e hidras);
- O "Ah, no nosso setor é diferente!" é uma mentalidade limitante.

SINAL 6: NOVO VALOR NA BOLSA

Na última década, o mundo viu muitas startups saírem das garagens e incubadoras e ganharem os mercados. Na sua essência, uma startup nada mais é do que o experimento de um novo negócio. E, como o custo de experimentar um novo negócio vem caindo, mais experimentos podem ser financiados, mais validações são feitas e isso acaba acelerando o ritmo da inovação global. O fenômeno das startups é econômico, transformador e sustentável, e eu acredito que startup é a maior democratização da inovação a que já assistimos.[43]

O racional é simples: como está cada dia mais barato "startupar", muita gente pode e quer "experimentar". Está mais barato pois o conhecimento está mais acessível, a tecnologia é mais *open-source*, as redes sociais e o marketing digital permitem testes rápidos de comportamento de mercado, times se montam praticamente em qualquer lugar do mundo e muitas pessoas talentosas não querem apenas salários e benefícios, então buscam propósitos fortes e sonhos grandes. Quanto mais pessoas tentam "startupar", novas hipóteses são geradas, novas possibilidades são testadas, mais descobertas são feitas, mais aprendizado é alcançado, mais startups se mostram inviáveis enquanto outras se mostram viáveis, mais negócios são criados e, consequentemente, mais o tradicional está ameaçado.

Em 2011, o autor Eric Ries lançou o livro *A startup enxuta*, que logo se tornou o livro de cabeceira de todo startupeiro ou aficionado por inovação. Ries popularizou com seu livro a lógica da experimentação enxuta, do *validated learning* (aprendizado validado), do Produto Mínimo Viável (MVP) e do *pivot* (mudar a estratégia sem mudar a visão). Por causa de Ries, esses termos se tornaram mantras no ecossistema empreendedor inovador – digo "empreendedorismo inovador" para lembrar que também existe o empreendedorismo não inovador. Mas o que poucos se recordam é que, no fim do livro, o autor trazia a proposta de um novo tipo de Bolsa de Valores, que deveria ser desenhada para negociar ações de empresas organizadas para sustentar o pensamento de longo prazo. Ele propôs a *Long-Term Stock Exchange* (LTSE), uma bolsa de valores de longo prazo.[44]

Bons empreendedores não apenas falam, mas experimentam e fazem acontecer. Em setembro de 2020, nove anos após o lançamento do livro, Eric Ries anunciou que a LTSE estava aberta ao público para fazer negócios.[45] O problema que a LTSE pretende resolver é a imensa pressão sofrida pelas empresas para trazer resultados de curto prazo que minam a criação de valor para as décadas e gerações futuras. Em um cenário em que os gestores são cobrados e premiados por medidas de curto prazo, a inovação acaba minguando.

O conflito entre o curto e o longo prazo nunca foi tão acirrado. Jack Welch, o famoso CEO da General Electric nos anos 1980, insinuava que qualquer um consegue gerenciar no curto prazo, assim como qualquer um consegue gerenciar no longo prazo, mas *gestão de verdade* é fazer ambos ao mesmo tempo. Para ele, a obsessão por resultados de curto prazo era uma "ideia idiota".[46]

Os investidores estão sempre monitorando as empresas em que investiram, pretendem investir ou desinvestir. Muitos ainda valorizam apenas o resultado do curto prazo, apesar do que disse Jack Welch, mas cresce o número de investidores que valorizam a *gestão de verdade*, a das Organizações Infinitas.

Investir é fazer escolhas, quase apostas, e saber tomar riscos. Jason Calacanis, um conhecido investidor de *venture capital* do Vale do Silício, escreveu em seu livro *Angel* [Anjo] que, frequentando as mesas de pôquer em Las Vegas, ouvia jogadores asiáticos diante de uma jogada relevante repetirem a frase: *"No gamble, no future!"*.[47] *Gamble*, em inglês, refere-se aos jogos de azar, ou seja, se você não apostar, não terá futuro. Se você não gosta de jogos de azar, talvez a mesma lição venha de maneira diferente pelas palavras de Peter Drucker, guru da administração: "Sempre que você vê um negócio de sucesso, alguém já tomou uma decisão corajosa".[48] A vida é feita de decisões difíceis.

Mas como a LTSE ajuda a decidir o que é valor no longo prazo? As empresas cujas ações ela busca listar para negociar devem "publicar uma série de políticas que focam a criação de valor de longo prazo e que devem ser desenhadas para prover aos acionistas e *stakeholders* (as partes interessadas) a visão de como a empresa opera e constrói seu negócio no longo prazo".[49] A LTSE exige que as suas empresas apresentem e tornem públicas suas políticas de forma holística para que todos possam entender como ela pretende gerar valor por décadas.

O que você percebe? Nós percebemos que:

- **É difícil saber o que será um bom negócio daqui a vinte anos;**
- **Todos querem ter valor no longo prazo; entretanto, ter uma cultura que valoriza e reconhece que é preciso se reinventar constantemente é bem mais raro;**
- **Se você não tiver o que comer agora, não viverá o futuro, mas, se você não tiver os olhos no futuro, vai comer algo que fará muito mal à sua saúde.**

SINAL 7: UM JOGO SEM FIM

Em 2009, o autor britânico Simon Sinek gravou um vídeo para o TED no qual falou sobre o "círculo dourado" (*golden circle*).[50] Munido de apenas um *flipchart*, ele deu uma aula sobre negócios. Segundo ele, os clientes não compram *o que* você faz nem *como* você faz, mas *porque* você faz o que faz. O sucesso do vídeo foi tanto que, em 2011, ele lançou o livro *Comece pelo porquê*,[51] que se tornou um best-seller.

Sinek se tornou um palestrante requisitado e escreveu diversos livros. Em 2019, sua nova obra trouxe mais sinais interessantes para nos alertar sobre o futuro dos negócios. O livro *O jogo infinito*[52] nos provoca com a pergunta: "Como você pode vencer um jogo que não tem fim?".

Porém, antes de respondê-la, precisamos entender como ele classifica dois tipos de jogos. Os jogos finitos são para jogadores conhecidos, têm regras fixas e um objetivo combinado que, ao ser alcançado, encerra o jogo. Já os jogos infinitos têm horizontes de tempo infinitos, e, como não existe uma linha de chegada, nem final prático para o jogo, não existe algo como "ganhar". Em um jogo infinito, o objetivo principal é continuar jogando a fim de perpetuar o jogo.

No futebol, por exemplo, o jogo é finito. São onze jogadores em cada time e dois tempos de 45 minutos. O jogo dos negócios era quase assim, mas parece que não é mais. A qualquer momento, podem surgir mais goleiros em campo, o time adversário pode ser melhor no videogame, pode fazer 40 °C ou nevar a qualquer instante, a bola pode ficar quadrada e até a torcida pode mudar de lado e começar a torcer para o adversário. Não é apenas infinito, é imprevisível.

A mentalidade do pensamento infinito nos faz repensar várias práticas dominantes em muitas empresas. Nas palavras de Sinek:

CRER PARA VER

> Enquanto um jogador com a mentalidade finita cria produtos que ele pensa que poderá vender para as pessoas, o com mentalidade infinita cria produtos que as pessoas desejam comprar. Enquanto o primeiro é focado no benefício que a venda causa para a empresa, o último é focado em como os produtos beneficiam as pessoas que os compram.[53]

Para competirmos nesta nova economia acelerada por mudanças, precisamos aprender a jogar o jogo infinito. Para isso, devemos ser ambidestros: além de ser o melhor e vencer jogos finitos, é necessário desenvolver organizações capazes de se perpetuar sem perder a relevância. A mensagem da obra *O jogo infinito* é provocante e inspiradora. Sugere que os líderes que desejam jogar esse jogo sigam cinco práticas essenciais, reproduzidas e comentadas a seguir:

- **#1 Causa justa:** tenha uma causa pela qual valha a pena viver. Essa causa pode (ou deve) ser idealista e utópica e talvez nunca seja alcançada, mas vale a pena viver lutando por ela.
- **#2 Times confiáveis:** promova um ambiente em que as pessoas possam expressar suas vulnerabilidades. Existe uma grande diferença entre um grupo de pessoas que trabalham juntas e um grupo de pessoas que confiam umas nas outras.
- **#3 Rivais dignos:** tenha bons rivais que o desafiem a ser melhor. O objetivo de apenas competir para amassar a concorrência é uma mentalidade finita e pode desviá-lo da sua causa e tirar a chance de uma grande aliança.
- **#4 Flexibilidade existencial:** tenha a capacidade de iniciar uma mudança radical no seu modelo de negócio ou caminho estratégico para ser mais eficaz em sua *causa justa*. A mentalidade finita teme a novidade e a disrupção, mas a mentalidade infinita se diverte com elas.

- **#5 Coragem para liderar:** tenha coragem para correr riscos em prol de um futuro incerto. Ter mentalidade infinita em um cenário de valores finitos exige muita coragem, pois pode custar o seu emprego.

O que você percebe? Nós percebemos que:

- É prudente, pertinente e urgente reaprendermos a jogar o jogo dos negócios.

DECODIFICANDO OS SINAIS

O que esses sinais, e muitos outros, estão tentando nos mostrar?

Estão todos indicando a mesma coisa: **precisamos ter a mentalidade das Organizações Infinitas.**

PARTE 3

ORGANIZAÇÕES INFINITAS

> **❝** As nossas vidas são finitas, mas a vida é infinita. Nós somos jogadores finitos no jogo infinito da vida. Nós surgimos e desaparecemos, nós nascemos e morremos, e a vida continua com ou sem nós. **❞**
> **SIMON SINEK**

CAPÍTULO 7
O INFINITO

Infinito é a qualidade de tudo aquilo que não tem fim. É, portanto, um adjetivo. Uma característica atribuída a tudo que não apresenta limites em sua magnitude ou temporalidade. Na prática, porém, não conhecemos ou convivemos com nada realmente assim em nossa vida cotidiana. Em nossa realidade objetiva, a infinitude plena é apenas uma ideia, um conceito, uma hipótese puramente especulativa.

E isso não é diferente quando falamos de Organizações Infinitas. Seria no mínimo ingênuo afirmar categoricamente que uma empresa pode de fato tornar-se infinita no sentido absoluto do termo. Pelo contrário, sabemos que, em um horizonte temporal realmente infinito, toda empresa acabará por encontrar o seu fim (até porque, cedo ou tarde, tudo encontrará o seu fim).

Estamos aqui falando, portanto, de um infinito temporal relativo. Um fim que está lá, em algum ponto do tempo, mas que nunca é efetivamente alcançado, pois está sempre em movimento sincronizado com o deslocamento do próprio observador. Uma dinâmica de constantes renegociações de limites que dão a impressão relativa de perpetuidade. Um fim que existe, mas nunca chega.

Torna-se claro, então, que o tema das Organizações Infinitas é, sobretudo, uma discussão sobre um modelo mental, uma forma particular de ver e encarar a realidade. Significa entender que o fim de uma organização é uma possibilidade insistente e, que, portanto, necessita de um trabalho persistente para reduzir a probabilidade. Um "quase" que nunca se realiza devido a um equilíbrio dinâmico que orquestra as vontades opostas de vida e morte.

Não significa, porém, pautar a existência em uma pura sobrevivência. Isso seria no mínimo aflitivo. Mas implica uma humildade profunda de saber de sua fragilidade frente a forças disruptivas, redobrando, portanto, o valor dado para suas escolhas estratégicas. "A vida deve seu valor à morte […] **é apenas por sermos mortais que contamos os dias e que os dias contam**."[54] Quando os dias são contados, não há espaço para desperdício de tempo, de oportunidades e de atenção. Cada dia a mais é um dia a menos, seja para o crescimento, seja para uma reação.

O pensamento infinito, portanto, não é aquele que se considera imortal, mas aquele que trabalha com o fim a seu favor. É uma forma de pensar que impele empresas a entender que não há volta para as transformações no mundo. Não há ponto de retorno ou acostamento. A mudança é uma constante e será cada vez mais acelerada. Se é impossível controlá-la, o melhor não é lutar *contra* ela, e sim *com* ela.

Por não estar preso ao passado, esse pensamento não abre espaço para uma posição de vítima da disrupção, mas apenas de agente de transformação. Torna isso seu diferencial contra os que ainda se negam a entender a erosão dos sólidos a sua volta ou que tardam a agir frente a cenários de mudança. Tem, portanto, uma "orientação temporal para o futuro",[55] entende ciclos futuros de transformação, mapeia oportunidades vindouras, espaços a serem ocupados, problemas ainda não resolvidos e tendências de impacto. Olha seus mercados, negócios e clientes com um inconformismo questionador: "Como eu posso fazer melhor?", "Por que não fazer diferente e mais eficiente?", "Como eu posso mudar isso?". Um tipo de pensamento que é consequência e causa deste Novo Mundo.

Não carrega, porém, o peso da ingênua tentativa de controlar ou prever o futuro – sabe que ele sempre reserva surpresas. Não se esconde por trás de fórmulas clássicas imunizantes do imprevisível. Mantém-se aberto e flexível para que, quando a ação for necessária, seja rápida e sem amarras.

Dentro do pensamento infinito, **não existe espaço para "vontade retrospectiva"**.[56] É o pensamento-ação. Um "penso, logo faço" que evita arrependimentos. Prefere o risco ao tédio. Não demonstra medo de ousar, pois seu maior receio **é o de ficar para trás.** Sabe que, muitas vezes, perder um ano pode significar perder uma década – e não terá uma década para se recuperar. Uma assimetria de impactos que se torna força motriz por trás do pensamento. Não conjuga os verbos, portanto, usando o futuro do pretérito. Vive em um "presente-perpétuo"[57] no qual o futuro é um gerúndio que parte do agora todos os dias.

Esse pensamento entende que grandes esforços só valem se algo grande puder ser atingido, algo que impacte muitos. Encanta-se pela jornada, mas entende que a perpetuidade depende também do seu grau de impacto do mundo. Audácia é um traço estruturante. Almeja ser grande ao limite de que não existam limites. Tem fome de escala, de exponencialidade, de crescimento escalável, de grandes transformações. Busca, pratica e engaja o "propósito massivo transformador"[58] e quer deixar a sua marca no mundo.

O pensamento infinito muitas vezes sai de casa sem o medo de não ter para onde voltar porque entende que, muitas vezes, não há nem mesmo essa possibilidade. Não se atira do precipício, mas dá saltos de fé. Vive entre o desejo de pular e o medo de cair, "emoções comuns para quem anda na beira do abismo".[59]

JUNIOR

CAPÍTULO 8
AS ORGANIZAÇÕES

RECOMEÇOS

Precisamos falar sobre isso. Um recomeço não necessariamente vem depois de um fracasso ou de uma derrota. Tudo na vida tem um começo, um meio e… um fim? Acredito que nosso foco deva estar nos recomeços. Eles são inevitáveis para que as organizações se perpetuem.

A Apple teve um começo retumbante, liderada por Steve Jobs, um jovem com faro ímpar para os negócios, e Steve Wozniak, um gênio introspectivo que transformava sonhos em realidade. Depois de uma largada incrível, a empresa teve um "meio" conturbado. Jobs foi colocado para fora, Wozniak já não se interessava tanto e o negócio passou a ser liderado por pessoas com visões finitas. A Apple passou a se preocupar mais com os concorrentes do que consigo própria e isso quase, mas quase mesmo, levou a empresa ao fim.

Veio, porém, o recomeço. Uma virada nunca vista antes. Originalmente uma empresa de computadores, a Apple entendeu que deveria evoluir e mergulhou no mundo da música. Lançou o iPod, o iTunes e nunca mais essa indústria foi a mesma. Depois, transformou-se em uma empresa de telefonia. Com o iPhone, não só mudou a indústria de celulares mas também transformou por completo o comportamento humano e abriu caminho para que milhões de outros negócios pudessem surgir.

Haveria um Facebook sem os smartphones? Haveria Uber, Airbnb, iFood, 99 ou todos esses aplicativos que hoje estão na palma das nossas mãos? Nunca saberemos, mas, se olharmos para trás, conectaremos os pontos!

A vida finita da Apple teria terminado se ela insistisse em ser uma empresa de computadores. Mas ela se perpetuou por mais um ciclo quando deu o próximo passo… e o próximo. E segue sendo assim. Porque, no dia em que não for, mesmo a empresa mais valiosa do planeta vai sucumbir. Lembre-se do que eu disse no início deste livro: sempre haverá alguém fazendo o que a sua empresa faz de um jeito melhor, mais inovador e mais barato. Sempre.

Olhe para a Microsoft. Na minha infância, lá pelos 10 anos, meu sonho era ter um computador. Quando meus pais puderam comprar um 286, lembro-me de ouvir uma frase perturbadora: "O Windows é pirata". Não entendia ao certo o que isso significava, mas coloquei na cabeça que um dia teria um computador com Windows original.

Mais tarde, já na faculdade, pesquisei o preço de um Windows 95 original e quase caí da cadeira. O preço do software era muito alto, assim como o preço do pacote Office. *Está explicado porque todo mundo usa Windows pirata*, pensei.

Aquele era o modelo de negócio da Microsoft, o de venda de licenças de software. Mas o mercado mudou. Já não mais se vendem softwares, agora é possível "alugá-los" e pagar por eles enquanto estiver usando. Se não quiser mais, pare de pagar e pronto. Esta foi uma das maiores mudanças vividas pela Microsoft: a transição do modelo de venda para o de assinatura de software. Hoje você compra um computador novo e ele vem com o Windows. É possível acessar o pacote Office inteiro e pagar menos de 30 reais por mês.

Acredito que nosso foco deva estar nos recomeços. Eles são inevitáveis para que as organizações se perpetuem.

Ou seja, o processo de perpetuidade da Microsoft – ou seu pensamento infinito – passou pela destruição do modelo de negócio vencedor e pela adaptação gradual para um novo modelo. Lembre-se daquele conceito: alguém vai destruir o seu negócio… então melhor que seja você.

Essas duas ações – destruir e recomeçar – precisam ser feitas ao mesmo tempo e convergir. Elas andam em direções opostas, e o recomeço acontece quando se fundem de tal forma que o impacto dessa mudança é quase imperceptível.

STARTSE UNIVERSITY

A StartSe possui uma universidade no Vale do Silício. Ela fica na cidade de Palo Alto, na Califórnia, e ocupa o mesmo espaço que foi, um dia, o primeiro escritório do Google – uma feliz coincidência que descobrimos quase dois anos após a construção da nossa sede. Lá, recebemos milhares de pessoas todos os anos. Empreendedores, executivos, gestores, investidores… pessoas do Brasil e de outros países que vão em busca do "conhecimento do agora".

Em uma das turmas exclusivas, nas quais recebemos grupos de pessoas de uma mesma empresa, estava toda a diretoria de uma das maiores companhias de agronegócio do mundo. O objetivo dos integrantes era aprender sobre a popularmente chamada "carne vegetal".

O mercado de substitutos da carne vai movimentar dezenas de bilhões de dólares nos próximos anos e é uma ameaça ao consumo de carne de origem animal. Questões como problemas climáticos, maus-tratos aos animais e problemas de saúde têm impulsionado ainda mais essa indústria.

Pois bem. Essa grande companhia produz uma quantidade enorme de grãos que é destinada à produção de ração para alimentar bois, porcos e aves que, em dado momento, serão transformados em alimento e vão parar nas nossas mesas. Em um cenário – hipotético ainda – em que não haverá mais o consumo de carne de origem animal (e, por consequência, o confinamento e a necessidade de ração), o que essa empresa fará com sua imensa produção de grãos?

Foi com esses questionamentos que os recebemos na StartSe University. A resposta? Encontrem maneiras de se manter relevantes no tempo, criando novos ciclos de perpetuidade, gerando valor para seus clientes, mesmo que isso signifique a morte da empresa como vocês a conhecem hoje.

Organizações Infinitas são aquelas que entendem que tudo tem um começo, um meio e um recomeço. E que não se utiliza o recomeço como mecanismo de defesa, mas como uma poderosa arma de ataque. Enquanto seus concorrentes estão de olho no que você faz, surpreenda-os construindo algo que eles nunca poderiam prever nem em seus melhores sonhos (ou piores pesadelos).

Então, se quer construir um novo ciclo de infinitude, siga o conselho do astrofísico britânico Stephen Hawking: "Olhe para as estrelas e não para os seus pés".

CAPÍTULO 9
O MÍNIMO

Como você já deve ter percebido, a expressão *Organizações Infinitas* foi definida por nós para descrever o comportamento das empresas que tendem a se perpetuar no tempo sem perder a relevância. Estas empresas que conseguem ir além das outras também deixam legados positivos para as suas comunidades e, por vezes, para toda a humanidade. O pensamento do infinito pode parecer utópico, mas é – mais do que nunca – uma necessidade para quem deseja liderar uma organização nestes novos tempos.

Aprendemos com as *Organizações Exponenciais*[60] que não basta sermos melhores, precisamos nos desafiar a ser muitas ordens de magnitude melhores, mais rápidos e mais baratos. E, para ajudar uma organização a ser "exponencial", é preciso começar com um propósito transformador massivo (**PTM**).

Aprendemos com as *Organizações Extraordinárias*[61] que uma organização – um sistema de pessoas que realiza um sistema de tarefas –, para alcançar o status de "extraordinária", precisa de um propósito que preencha as necessidades humanas e de estruturas que não sejam sinônimo de hierarquia, mas de igualdade de direitos e status, liberdade desde que não interfira na liberdade do próximo, e retorno e compensação por esforços.

Fomos provocados e desafiados a aprender, em *Reinventando as organizações*,[62] que, todas as vezes que a humanidade passou para um novo estágio, ela inventou uma nova maneira de colaborar – portanto, um novo modelo organizacional. E isso nos leva a crer que obrigatoriamente precisaremos reinventar as nossas organizações com mais frequência para lidar com as mudanças aceleradas – sejam elas causadas pelas inovações e descobertas ou pelas pandemias, incertezas e todas as outras coisas que não conseguimos prever.

Então, que com as Organizações Infinitas possamos levar um aprendizado central: que cada um de nós, os nossos times e as nossas organizações nunca nos cansemos de aprender.

ORGANIZAÇÕES MINIMAMENTE INFINITAS

"Alguns infinitos são maiores que outros." – *JOHN GREEN*

Um dos jargões mais conhecidos no mundo de startups é o *Minimum Viable Product* (MVP) – em uma tradução livre, um Produto Mínimo Viável – proposto por Eric Ries em *A startup enxuta*. Ele defende que uma startup (ou qualquer pessoa ou empresa buscando inovar) deveria criar produtos minimamente viáveis (e não completos e perfeitos) para acelerar a experimentação na vida real. O MVP agiliza a iteração e a interação, e serve para ajudar a validar as nossas hipóteses, e não as nossas vontades. A ideia é simples, mas a execução é difícil, pois profissionais têm dificuldade de aceitar que devem criar algo que é o mínimo, e não "o máximo" como fomos ensinados desde sempre.

Uma das grandes contribuições do mundo do design para a inovação pode ser resumida nesta frase, um mantra da inovação moderna: "Construa para pensar e teste para aprender". A lição é que uma

Então, que com as Organizações Infinitas possamos levar um aprendizado central: que cada um de nós, os nossos times e as nossas organizações, nunca nos cansemos de aprender.

inovação verdadeira sempre carrega alto grau de incerteza; portanto, é inevitável, precisamos descobrir fazendo, experimentando. E o MVP ajuda muito a fazermos isso.

A StartSe gosta de se desenhar e se desafiar a ser como uma máquina de experimentos, pois é dessa forma que aceleramos as novas descobertas. Uma das virtudes da empresa é descrita como *Always on Beta*, que significa estar no estágio de beta permanente e nunca acreditar que algo está completo ou perfeito. É isso que nutre uma cultura de curiosidade e provoca todos para observar com olhos de aprendiz, criar hipóteses ousadas, experimentar sem dano e aprender rápido. Esse ambiente dinâmico nos levou a criar o *framework* que batizamos de Organizações Minimamente Infinitas – e agora deve ser fácil para você perceber de onde veio a inspiração para esse nome.

Esse modelo é uma ferramenta que nos ajuda a entender, diagnosticar, debater, ensinar, aprender e transformar continuamente as organizações para que consigam adiar sua obsolescência. Não é um modelo perfeito, nem completo ou infalível, pois ele é mínimo. Mas é viável.

Entenda Organizações Minimamente Infinitas como um mapa básico. Como ensinou o matemático polonês Alfred Korzybski e gostamos muito de repetir: "O mapa não é o território".[63] Mesmo os melhores mapas são imperfeitos. São sempre incompletos, pois tentam descrever realidades muito mais complexas. Mas, mesmo incompletos, são muito úteis. Então, se você quer se orientar, busque um mapa e, se quiser ajudar os outros a se orientar, crie mapas.

O *framework* Organizações Minimamente Infinitas, o nosso mapa, é composto de quatro dimensões que nos permitem mergulhar, escarafunchar, ampliar o debate e acelerar o aprendizado de todos nós. Essas quatro dimensões, ou pilares, são uma maneira poderosa e rápida para você conhecer as competências fundamentais desse conceito.

Antes de entrarmos nos detalhes de cada aspecto nos capítulos seguintes, conheça os quatro "pontos cardeais" do nosso mapa:

ORGANIZAÇÕES MINIMAMENTE INFINITAS

EV: Estratégias visionárias e versáteis

SO: Sistemas operacionais editáveis e ágeis

MN: Modelos de negócio dinâmicos e competitivos

CT: Culturas de transformação contínuas e inclusivas

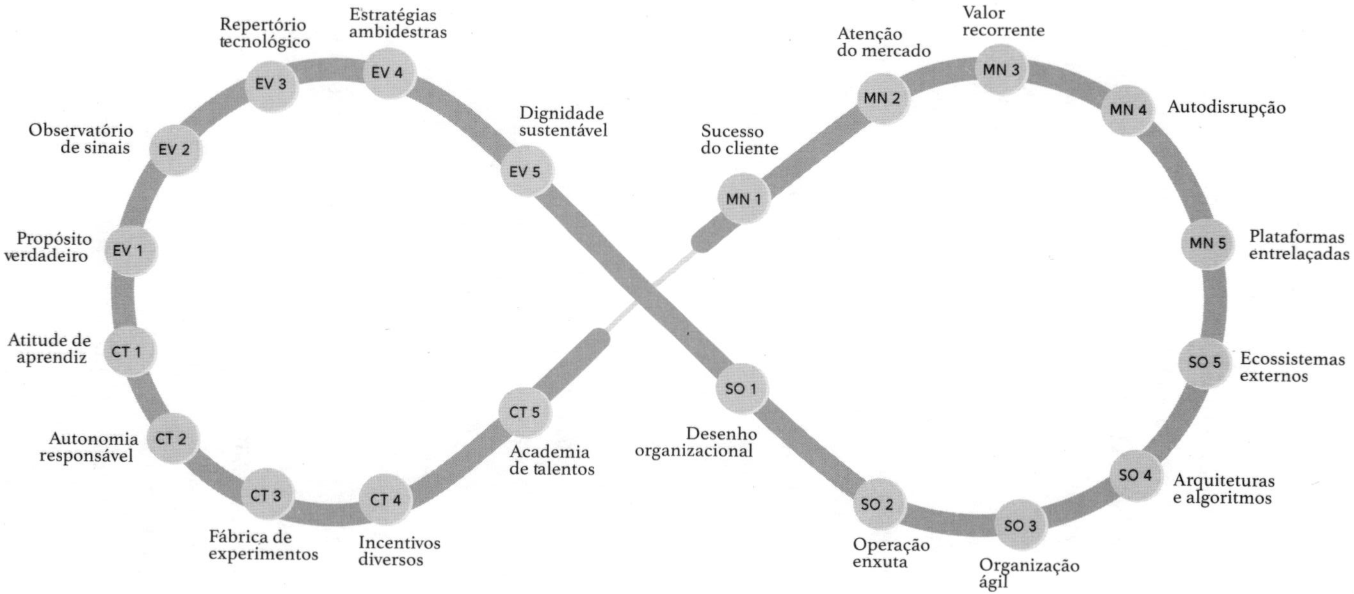

- MN 1 — Sucesso do cliente
- MN 2 — Atenção do mercado
- MN 3 — Valor recorrente
- MN 4 — (sem rótulo)
- MN 5 — Autodisrupção
- SO 5 — Plataformas entrelaçadas
- SO 4 — Ecossistemas externos
- SO 3 — Arquiteturas e algoritmos
- SO 2 — Organização ágil
- SO 1 — Operação enxuta
- Desenho organizacional
- CT 5 — Academia de talentos
- CT 4 — Incentivos diversos
- CT 3 — Fábrica de experimentos
- CT 2 — Autonomia responsável
- CT 1 — Atitude de aprendiz
- EV 1 — Propósito verdadeiro
- EV 2 — Observatório de sinais
- EV 3 — Repertório tecnológico
- EV 4 — Estratégias ambidestras
- EV 5 — Dignidade sustentável

O MÍNIMO

EV | Estratégias visionárias e versáteis: As Organizações Infinitas têm visões ousadas, verdadeiras e envolventes, que se desdobram em ciclos estratégicos fluidos, típicos de quem está sempre aprendendo, o que permite desenhar planos flexíveis em sintonia com a velocidade das mudanças e as incertezas do mercado.

MN | Modelos de negócio dinâmicos e competitivos: Na perspectiva do modelo de negócio, que significa como a empresa cria e captura valor, percebemos que as Organizações Infinitas têm mecanismos para forçar que saiam da inércia e que seus times busquem perceber e antecipar mudanças, desde os desejos até as necessidades humanas dos clientes atuais – mas não só –, e também dos novos atores no mercado, e isso permite redesenhar continuamente os negócios, obter a atenção do mercado, renovar suas ofertas de valor e, ultimamente, tornar a competição menos relevante.

SO | Sistemas operacionais editáveis e ágeis: Em relação ao sistema operacional, ou seja, como a operação geral é estruturada, nós temos evidências de que as Organizações Infinitas possuem um modelo enxuto e ágil, eficiente e eficaz, modular e bem orquestrado, parametrizável e *plugável*, que emprega o melhor das inteligências humana e artificial, e isso permite cumprir objetivos e aprender rápido, dando saltos de eficiência ao mesmo tempo que surpreende com suas inovações.

CT | Culturas de transformação contínuas e inclusivas: Quanto a essa invisível e poderosa força, acreditamos que as Organizações Infinitas tenham princípios e práticas que promovem o senso de curiosidade, colaboração, diversidade, liberdade, protagonismo e responsabilidade, e isso permite nutrir uma cultura de respeito, ser admirada e respeitada, e, através das pessoas, consegue se perpetuar no tempo, independentemente das incertezas que o futuro trouxer.

Seguindo adiante, mergulharemos nessas dimensões e descreveremos as suas diversas práticas. Mas sabemos que, no fim, se o modelo mental das Organizações Minimamente Infinitas fizer realmente sentido, as narrativas certamente se alterarão e evoluirão com o tempo. Vamos *pivotando* o "como", mas sem perder o olhar no "porquê".

PARTE 4

ESTRATÉGIAS

> **❝** Estratégia não significa mais um planejamento de longo prazo. Não é nem mesmo um planejamento de curto prazo. Não é planejamento. Fundamentalmente, a formulação de estratégias é agora um processo dinâmico e fluido, semelhante ao aprendizado. **❞**
>
> **MING ZENG**

CAPÍTULO 10
ESTRATÉGIAS INFINITAS

O PLANEJAMENTO NA INCERTEZA

Estratégia é uma palavra-chave dentro do mundo corporativo. Carregada de pompa e circunstância, sempre foi tratada como algo nobre, que se difere de uma reles tática. Comumente concentrada nos mais altos níveis da pirâmide hierárquica, é cercada de certa mística. Quem detém o cânone da estratégia detém o poder sobre o futuro da empresa.

Toda empresa tem algum tipo de ritual-chave de planejamento estratégico. Geralmente, juntam-se as pessoas "mais inteligentes" para discutir os seus rumos. Ficam lá trancadas por algumas horas, dias ou semanas até saírem com a solução. Funciona com uma dinâmica parecida com o conclave de um papa, na qual, em dado momento, uma pequena fumaça sai da chaminé dizendo "*Habemus* estratégia".

O planejamento estratégico clássico baseia-se em entender o que aconteceu com o negócio em um passado recente, analisar o cenário atual e, a partir daí, traçar uma linha reta até alguns objetivos.

Basicamente um processo de extensão de trajetórias no qual os elementos disponíveis são ordenados da forma mais eficiente ao redor de objetivos de curto e de longo prazos.

De uma forma ou de outra, esses processos sempre seguiram os mesmos princípios antigos da busca por previsibilidade. Capturavam a realidade observável e transformavam-na em destino palpável. Nesse desenho, era preciso conhecer o objeto para poder desarmá-lo. "E quando não conhece o objeto, o desarmado é você"[64] – e ninguém quer ficar desarmado em uma batalha.

Porém, no contexto das Organizações Infinitas, torna-se necessário trabalhar com o fato de que não se pode mais determinar a realidade com tanta clareza e objetividade. Anteriormente, mercados tinham fronteiras, barreiras, *players* claramente posicionados, consumidores, cadeia de valor definida. Toda a lógica clássica de estratégia era montada nesses princípios. Atualmente, esses limites são frágeis; os contornos, turvos; e as regras do jogo podem mudar abruptamente. É como fazer o projeto de decoração de uma casa de madeira sobre um solo cheio de cupins. A casa está lá, de pé, pode até ficar linda na foto, mas cedo ou tarde você terá problemas.

O FIM DA INFÂNCIA

Existe uma frase típica no fim de todo processo de planejamento estratégico: "Pronto! Agora é só executar!" – aposto que você já falou isso alguma vez. É nessa singela frase que percebemos quanto o sintoma da patologia é profundo. Desenhamos um projeto artificial de perfeição no qual o maior problema está em acreditar não na capacidade de uma execução perfeita, mas em um ambiente de negócio estável e perfeito para que aquela execução aconteça exatamente conforme o planejado.

No contexto do grande desencaixe, planejamentos estratégicos clássicos fracassam em sua promessa porque criam uma falsa sensação de "tudo sob controle". Hipnotizam empresas como o canto de uma sereia no fundo do mar. Mergulha-se cada vez mais fundo seguindo o seu canto e, quando se percebe, o encantamento vira afogamento. Afunda-se tanto em uma ilusão que, quando percebe, já está muito longe para subir à superfície e capturar o ar da realidade.

"Somos joguetes dos nossos relatos."[65] As historinhas de previsibilidade que geralmente contamos nos tornam personagens presos em um misto de ingenuidade míope com negação intencional, então ficamos despreparados. A presunção de estabilidade não prepara as empresas para a reação. E, quando precisam reagir, fazem errado ou lentamente por confiar demais em seus planos – ou desconfiar de menos deles. Como dizem: louco é aquele que acredita nas fantasias que ele mesmo inventa.

Veja bem, fazer planejamento não é ruim, o problema é tornar-se refém dele. Não existe mais espaço para uma grande regra cega ou um processo estratégico que se resolva com matrizes mágicas muito bem preenchidas. Estratégias precisam ser versáteis, precisam criar espaços para interpretação constante de novas variáveis e precisam acomodar folgas na máquina de execução para adaptação ágil.

É chegado, portanto, "o fim da infância". Empresas viveram por muito tempo na expectativa infantil de controlar tudo a sua volta e com a ingenuidade do "agora tudo vai dar certo", simplesmente pelo mágico efeito da repetição. Em uma lógica real e madura, porém, não podem mais se permitir esconder por trás de seus planos heroicos enquanto uma guerra de verdade está sendo travada nas trincheiras. Previsibilidade e precisão cedem agora seu lugar para agilidade e adaptabilidade. Menos mãos sujas com tinta e mais pés cheios de lama.

ENTRE O MAPA E O TERRENO

Estratégias sempre foram pensadas para serem um mapa claro sobre o caminho a ser percorrido até o destino final. Seguindo esse princípio, quanto mais detalhes o mapa continha, maior a segurança de todos os envolvidos e a pretensa certeza de que o resultado seria atingido. Detalhamentos completos no nível mais profundo com o que deveria ser feito a cada mês. Estava tudo lá. Mais ou menos como uma "caça ao tesouro": era só seguir o tracejado até o X.

Fica claro, porém, que de pouco serve um mapa quando o imprevisível nos rodeia. Imagine-se em um terreno inóspito com um mapa na mão. O que acontece quando, de repente, aparece um leão no meio do caminho? Existia um leão marcado naquele mapa? E se de repente começar a chover e o terreno alagar, interrompendo o seu caminho? Você tinha previsto um caminho alternativo? E se, ao correr da chuva, você tropeçar e machucar o joelho? Preparou o kit de primeiros socorros caso as coisas dessem errado?

Entre o mapa e o terreno, as Organizações Infinitas escolhem sempre o terreno. Determinam um norte a seguir, mas se adaptam constante e agilmente como quem explora e desbrava um terreno que é dinâmico, vivo, assim como o seu explorador. E, para manterem-se vivas, muitas vezes até ignoram de maneira deliberada o mapa. Improvisam quando é necessário. Seguem o instinto de quem está com os pés na lama. Reconsideram decisões anteriores, descontroem certezas sagradas.

As Organizações Infinitas abraçam a ambiguidade como uma constante e tornam a estratégia a sua principal variável. Por isso, investem menos tempo em construir mapas detalhados e mais reavaliando o terreno a cada pequeno avanço. E, por fazerem isso, dificilmente são surpreendidas. A melhor garantia de previsibilidade que se pode ter em um mundo complexo é pavimentar o caminho ao longo da própria jornada. Evitam-se as surpresas.

Neste ponto, imagino que esse conceito de estratégia se assemelhe cada vez mais ao de uma simples tática. Porém, gosto de pensar a construção de uma estratégia atualmente como o trabalho de um artista impressionista que, quando começa a pintar, sabe bem aonde quer chegar, a imagem que pretende construir, mas suas pinceladas são confusas, meio borradas e se sobrepõem umas às outras. Ao olharmos a pintura de perto, temos a impressão de bagunça, com traços muitas vezes sem sentido. Quando se observa o resultado a alguns passos de distância, entretanto, a imagem aparece quase como mágica. Sua forma e emoção são transmitidas perfeitamente mesmo entre as imperfeições das pinceladas, dos borrões de tinta. E se tem algo passível de ser eternizado é a arte.

Na abordagem estratégica atual, as atividades ou decisões podem muitas vezes parecer desconexas, incertas ou vacilantes. Quem observa o processo de fora muitas vezes não decodifica a intenção final. Alguns passos podem anular outros e muitas vezes podem aparentar ser passos para trás. Mas, como as Organizações Infinitas trabalham com propósito claro e visão definida, ao mesmo tempo que têm liberdade para ações e movimentos rápidos, têm como um ímã que as aglutina e consolida.

Pode-se dizer, portanto, que as Organizações Infinitas vivem no paradoxo da estabilidade ágil. Visão estável, execução fluida. Ao mesmo tempo que têm um centro baseado em negócios já provados e uma visão clara sobre destino, suas extremidades podem e precisam se mover com agilidade, explorando o terreno constantemente e decidindo os melhores próximos passos. É como a dinâmica do caminhar, na qual um "pé de apoio" firme garante a estabilidade para que a outra perna busque o melhor lugar para se posicionar e determine o destino do passo e o ritmo do movimento.

A ORQUESTRAÇÃO DE ESCOLHAS

No paradigma do terreno, a velocidade das "alternativas por segundo" torna-se muito maior. A cada avanço, novas possibilidades se apresentam e, por consequência, um novo pacote de decisões é necessário. A inércia não é mais uma opção. A escolha constante passa a ser o imperativo para que a estratégia ganhe vida. O efeito contrário mais direto, porém, é a possibilidade de nos perdermos no meio de tudo isso.

Em sua essência, estratégia é escolha, mas escolher é aflitivo porque é um processo que tipicamente envolve abrir mão de algo. Em nosso cérebro "acumulador", é sempre mais natural tentar colocar mais coisas "para dentro" do que deixar coisas para trás – "quanto mais, melhor!". Mas, quando falamos de estratégia, estamos tratando de escolhas que visam estabelecer um equilíbrio fino entre capacidade de execução, impacto da não escolha e custos de oportunidade. Escolher por tudo significa fazer alguma coisa malfeita. Escolher por nada significa ficar para trás. Escolher errado significa desperdiçar oportunidades.

O "medo de errar" cada vez mais toma o lugar do "medo de mudar", mas o resultado prático é o mesmo: a catarse. A não ação é tida como movimento seguro por aqueles que têm medo. Invariavelmente, as empresas que ficaram pelo caminho nos últimos anos tiveram esse destino porque vacilaram no momento das escolhas estratégicas. Não escolheram por nada. Demoraram a decidir um caminho. Ficaram paradas à espera de um milagre. Quando perceberam, era tarde demais e o destino as escolheu como vítima.

O processo de escolhas estratégicas deve ser semelhante ao da condução de uma orquestra. Muitos instrumentos estão disponíveis, com músicos bastante talentosos, mas o que faz a peça ser emocionante é exatamente a sua dinâmica, o seu ritmo, a ênfase e as escolhas. Várias pequenas escolhas, com suas nuances em momentos certos,

As Organizações Infinitas abraçam a ambiguidade como uma constante e tornam a estratégia a sua principal variável.

promovendo sintonia e melodia únicas. Se todos tocam juntos, barulho. Se ninguém toca, silêncio.

Instintivamente, as Organizações Infinitas seguem um pouco dessa inspiração. Movem-se por meio de escolhas constantes, evitando o silêncio da não ação. Ao se moverem, balanceiam escolhas que se equilibram entre otimizar o negócio atual e desbravar novas opções de futuro. São mecanismos complementares e simultâneos que funcionam de maneira independente, porém orquestrada. E é essa dinâmica de paralelos de execução entre o que "paga as contas no presente" e o que "constrói o futuro" que faz com que as Organizações Infinitas sejam comumente admiradas por sua capacidade de reinvenção constante.

Obviamente, esse equilíbrio nunca é tão simples de ser atingido, pois envolve o cruzamento de elementos que estão em diferentes estágios de maturidade, risco ou complexidade. Por isso, as decisões raramente se assemelham a rupturas, mas sim a transições. Isso torna o processo de escolha mais fluido e menos aflitivo. Afinal, ninguém se importa de deixar um amor para trás quando se já está apaixonado.

CAPÍTULO 11
INFINITAS ESTRATÉGIAS

Saber o que precisa ser feito é o primeiro passo para agir de fato, mas não é o suficiente. É preciso estudar os cenários e traçar estratégias que permitam a construção desse novo ciclo de perpetuidade.

O grande dilema aqui é que as alternativas futuras para esse novo ciclo são, no início, insignificantes demais ou até mesmo improváveis. Lembra-se do exemplo do radar? Sinais fracos e sinais fortes. É preciso traçar uma estratégia para cada pontinho que aparecer na tela do futuro da empresa.

Essas estratégias – no plural – podem estar relacionadas a uma inovação disruptiva ou até mesmo a um pequeno ajuste no modelo de negócio, como fez a Microsoft. O produto (software) é o mesmo, mas, em vez de vendê-lo, agora ela o aluga.

IRRELEVANTES PODEROSOS

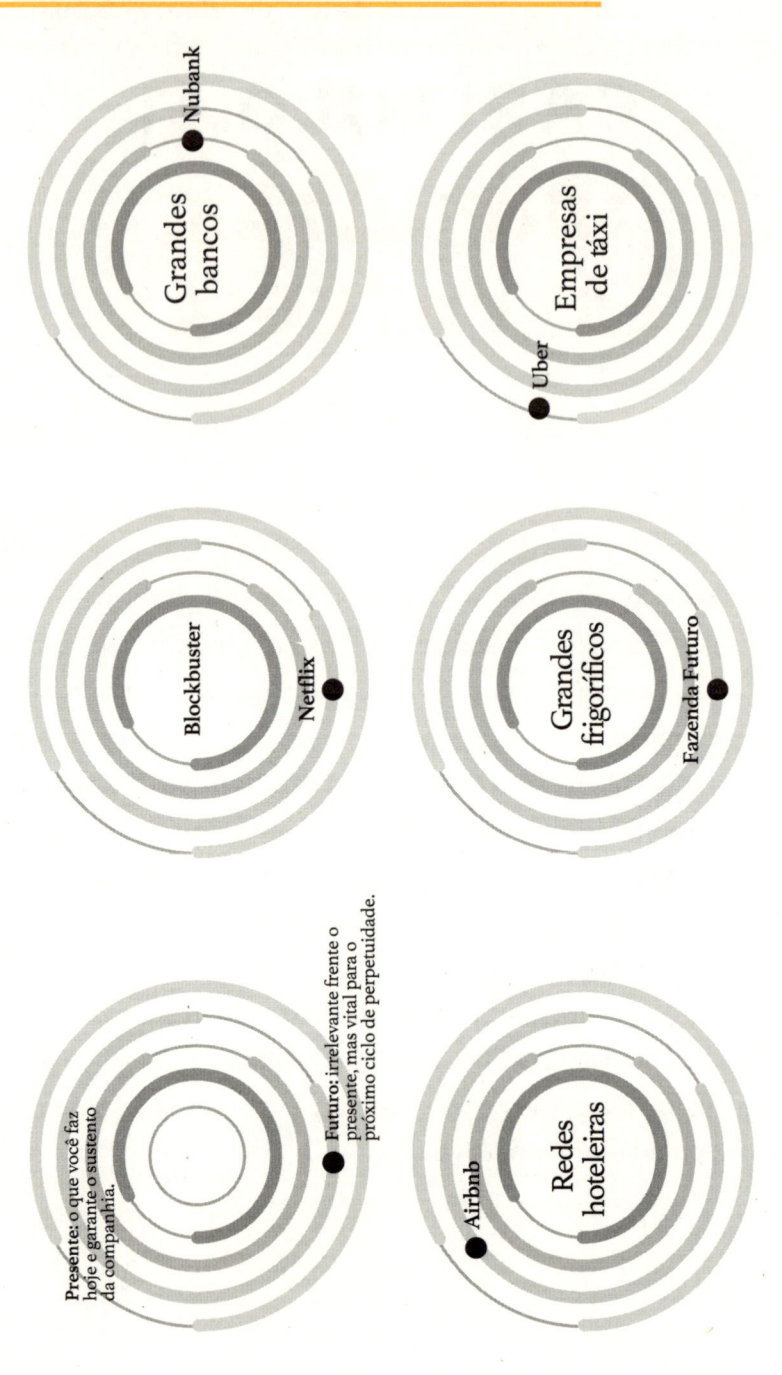

- Grandes bancos — Nubank
- Empresas de táxi — Uber
- Blockbuster — Netflix
- Grandes frigoríficos — Fazenda Futuro
- Redes hoteleiras — Airbnb

Presente: o que você faz hoje e garante o sustento da companhia.

Futuro: irrelevante frente o presente, mas vital para o próximo ciclo de perpetuidade.

ORGANIZAÇÕES INFINITAS

Na imensidão de um grande banco, um novo emissor de cartões de crédito como o Nubank é irrelevante. Na imensidão das locadoras físicas da Blockbuster, a Netflix era irrelevante. No domínio das empresas de táxi, alguém cobrar por uma "carona", como a Uber, não significava nada.

Para ajudá-lo a compreender melhor o racional por trás do pensamento estratégico, vou narrar com mais detalhes o caso de um cliente da StartSe, mencionado anteriormente, preocupado com o próximo ciclo de perpetuidade. Esse cliente, um dos maiores produtores de grãos do mundo – especialmente soja –, nos procurou com o objetivo de conhecer "o que vem pela frente". E nós traçamos uma estratégia para ajudá-lo.

Esse mesmo modelo foi utilizado em centenas de grandes empresas e faz parte dos nossos programas no Brasil, nos Estados Unidos, na China, em Israel e em Portugal. Essa presença nos principais polos globais de inovação nos possibilita mapear muitas tendências e capturar os dados em que jogarei luz nos próximos passos.

Pois bem. Em uma estratégia, devemos começar com a conscientização em relação à necessidade de reinvenção. É preciso fazer um trabalho cultural e educacional sobre a velocidade das mudanças no mundo e deixar claro que **o que trouxe a empresa até aqui não necessariamente garantirá o seu sucesso pelos próximos cinco anos**.

Portanto, a primeira coisa a se fazer é compreender a importância das três regras para construir o próximo ciclo de perpetuidade:

- **desprendimento do passado;**
- **monitoramento do futuro;**
- **construção do agora.**

O AGORA

Ao se desprender do passado, você cria condições para promover as mudanças que serão necessárias. Ao monitorar o futuro, você enxerga os possíveis cenários e pode agir para atacá-los ou se proteger deles. Mas nada disso adianta se você não for apaixonado pela relevância do agora. Apenas esquecer o passado e olhar para o futuro não garante a construção do hoje. Para ser relevante lá na frente, é preciso colocar em prática **hoje** os aprendizados mais importantes do passado somados às possibilidades do futuro.

Nosso cliente do agronegócio, que vou chamar simplesmente de "A" para não o identificar por uma questão de estratégia corporativa, recebeu o relatório sobre os futuros possíveis e decidiu agir sobre cada um deles.

Esse cliente, como falei, é um dos maiores produtores de soja do mundo. Metade dessa soja é utilizada para produzir a ração que vai alimentar o gado. Um dos futuros possíveis e imagináveis é aquele em que não haverá mais consumo de carne animal, pois esta será substituída por "carne vegetal" ou "carne de laboratório". O cliente A não acredita que isso vá acontecer, mas, se existe uma chance, se isso apareceu no radar e se os indicadores mostram uma tendência de crescimento dessa frente, é importante reagir a ela.

A StartSe monitorou quais eram as empresas mais relevantes do mundo no tema "substitutos da carne" e apresentou a esse cliente, que já havia compreendido as três regras para a construção do novo ciclo de perpetuidade.

Com toda a companhia ciente da necessidade de se desprender do passado, olhar para o futuro e construir o agora, decidiram investir em diversas dessas empresas "substitutas da carne". Porque, em um futuro possível e imaginável no qual ninguém mais come carne de animais, a empresa continuará sendo relevante, mesmo que seu principal produto mude nos anos que estão por vir.

Ouvi uma vez de um vice-presidente de um dos três maiores bancos do Brasil que antes a regra era apostar no melhor cavalo. Depois, com as startups, era apostar no melhor jóquei. Agora, a regra é apostar em todos os cavalos, porque é impossível fazer previsões sobre qual deles tem mais condições de vencer.

Ao apostar em diversas vias futuras, o cliente A não diminuiu a relevância do que ele faz hoje. Afinal, continuar tudo como está também é um futuro possível. A diferença é que agora ele constrói o muro não mais apenas da direita para a esquerda. Ele o faz nos dois sentidos ao mesmo tempo, esperando que eles, no futuro, se encontrem e criem uma camada de proteção que vai garantir à empresa mais um ciclo de perpetuidade.

```
                    Construção
                    do agora

Desprendimento      Novo ciclo      Monitoramento
do passado          de perpetuidade do futuro
```

Viver esse ciclo de início, meio e recomeço não é simples. Muitas empresas sofrem com esse movimento e correm risco real de perder relevância. Como exemplo, muitas redes de franquias que nos procuraram nos últimos tempos – algumas com grandes dilemas.

Para ser relevante lá na frente, é preciso colocar em prática **hoje** os aprendizados mais importantes do passado somados às possibilidades do futuro.

Lembro-me de dois casos em especial. Uma grande rede de óticas e uma imensa rede de agências de viagem, ambas com mais de mil lojas físicas espalhadas pelo Brasil. As duas empresas haviam tido sucesso enorme na construção dos seus negócios até ali, mas estavam apavoradas com o cenário futuro.

Com as novas tecnologias e novos modelos de negócio, grandes varejistas começaram a vender de tudo, inclusive óculos e passagens aéreas. E novas *travel techs* surgiram, "desintermediando" o setor. Ou seja, um cenário muito ruim para essas duas empresas. Principalmente porque seus modelos eram baseados em franquias. E, se você é um franqueador, não pode começar um processo de venda direta ao consumidor passando por cima dos franqueados, pois isso destrói muito rápido o modelo e causa uma ruptura na base histórica do negócio.

Por outro lado, as ameaças continuavam surgindo com força. Então, como se proteger? Como ser competitivo precisando "pagar um pedágio" do valor final do produto ao franqueado, enquanto a nova concorrência vende direto ao cliente?

Essas duas empresas não estavam em crise, pelo contrário: nunca haviam estado tão rentáveis e valorizadas, mas também nunca se sentiram tão ameaçadas. Provavelmente, elas não observaram os sinais fracos no radar. A construção de grandes *marketplaces* nos maiores varejistas acontece há anos e as startups de viagens estão aí há pelo menos uma década. Por que, então, não se aproximaram delas? <u>Um dos motivos mais comuns que afasta as empresas dominantes do próximo ciclo de prosperidade é o medo do fracasso. Mas, nas regras do jogo atual, falhar é parte irrefutável da jornada.</u> Como me disse o executivo do grande banco que citei anteriormente, agora é preciso apostar nos dez jóqueis do páreo sabendo que só um será o vencedor. Matematicamente, a relação parece ruim, mas, com o olhar da perpetuidade, ela é necessária.

É atribuída a Benjamin Franklin, um dos principais líderes da revolução estadunidense, a seguinte frase: "O fracasso quebra as almas pequenas e engrandece as grandes, assim como o vento apaga a vela e atiça o fogo da floresta".

Vai acontecer. Tudo na vida é feito de ciclos de vida e morte. Nas empresas, podemos aprender a quebrar essa ordem lógica e promover recomeços infinitos em busca da perpetuidade dos negócios.

CAPÍTULO 12
A ESTRATÉGIA

Será que tudo está mudando, menos a maneira como as empresas desenvolvem suas estratégias? Nos negócios, estratégia virou sinônimo de planejamento estratégico, e no fim – para muitas, infelizmente – acabou tornando-se apenas um planejamento qualquer. Para conseguirem prosperar nesta economia repleta de mudanças, as empresas, independentemente do seu tamanho ou histórico de sucesso – e em alguns setores de maneira mais escancarada –, precisam ter certa "paranoia estratégica". Ao fim, talvez não seja paranoia alguma, mas apenas uma lucidez inquietante – pois estratégia apenas existe onde existir intenção de mudança. Se tudo permanecer como está, é por que a estratégia está pouca.

No mapa das Organizações Minimamente Infinitas, compilamos cinco mecanismos essenciais – os nossos códigos secretos – para a construção de estratégias visionárias e versáteis.

- EV1 | **Propósito verdadeiro.**
- EV2 | **Observatório de sinais.**
- EV3 | **Repertório tecnológico.**

- **EV4 | Estratégias ambidestras.**
- **EV5 | Dignidade sustentável.**

EV1 | PROPÓSITO VERDADEIRO

Propósito não pode ser apenas uma frase bonita abaixo de um logotipo brilhante. Deve ser a expressão que descreve a alma de um negócio e que é capaz de conectar profundamente as pessoas. É como se apaixonar. O propósito cria valor pela conexão apaixonante, mas, em contrapartida, traz o risco da intolerância do mercado ao menor sinal de hipocrisia de uma empresa, caso esse propósito não seja cumprido e fortalecido diariamente. Se o propósito não for confirmado nas ações da vida real, vai parecer uma traição. Por isso, se não for verdadeiro, é melhor nem ousar ter um propósito.

Temos aprendido que, se o propósito puder ser simplesmente medido em dólares, é porque ele é fraco demais e poderia ser mais ousado. Os Propósitos Transformadores Massivos (MTP – *Massive Transformative Purposes*)[66] e os Objetivos Ousados (BHAG – *Big Hairy Audacious Goals*)[67] acabam funcionando nas Organizações Infinitas mais como um ponto de partida do que como uma linha de chegada.

Em *O jogo infinito*, livro já citado, Sinek nos desafia a refletir mais fundo sobre o tema quando propõe que as empresas deveriam ter uma "causa justa". Segundo ele, visões ambiciosas como *moonshots* (ir à Lua) – ou a mais atual *Mars-shot* (ir a Marte) – não são causas justas, pois são objetivos finitos. Embora inspiradoras, são visões alcançáveis, atingíveis e, por fim, limitadoras. Ele ilustra essa sutil diferença lembrando-nos que Martin Luther King Jr. disse "eu tenho um sonho", e não "eu tenho um plano".

As Organizações Infinitas devem ter propósitos engajadores, relevantes e – é fundamental insistir – verdadeiros. A partir desse propósito, ela deve ser ousada em definir seus objetivos e versátil para traduzi-los em planos. Mas não pode ser o contrário, ou seja, ter um plano para atingir um objetivo e então ter um propósito.

De maneira mais pragmática, vemos que existem dois argumentos que ajudam a entender a importância do propósito nas organizações. O primeiro argumento toca na alma, é o que buscamos refletir até aqui e nos faz pensar na capacidade de sensibilizar e mobilizar pessoas, liderar times, conquistar mercados e atrair pessoas incríveis. Aquilo que o deixa apaixonado. O segundo argumento toca no bolso e soa mais frio e direto. Muitas empresas, em especial as mais tradicionais, costumavam definir seu propósito como uma mistura de função e objetivo. Não é incomum empresas se definirem por aquilo que fazem, o que muitas vezes é um brutal limitador estratégico. Quando uma empresa se define como "uma fábrica de X", "uma loja de Y" ou "ser a maior revendedora de Z", ela simplesmente está estreitando o seu futuro. Imagine, hipoteticamente, que uma companhia definisse que o seu futuro deveria ser "transformar-se na maior revendedora de máquinas de escrever do Brasil". O que acontece quando surgem computadores pessoais e ninguém quer mais comprar máquinas de escrever? O que acontece quando o e-commerce destrói a competitividade do modelo de negócio por revendedores intermediários? Ironicamente, a empresa vai dizer que o negócio acabou.

As Organizações Infinitas usam o propósito para ampliar as possibilidades de futuro, e não o contrário; dessa forma, conseguem renascer a todo instante.

http://organizacoesinfinitas.com.br/ev1

EV2 | OBSERVATÓRIO DE SINAIS

Está cada vez mais evidente que as mudanças no mercado estão se acelerando. Monitorando ativamente essas mudanças, percebemos que não bastava apenas saber quais eram; era preciso entender os princípios fundamentais que as inibem ou as promovem. Para compreendermos os fatores que aceleram as mudanças no cenário da nova economia, desenvolvemos a "menor explicação do mundo". Chamamos isso de "efeito *flywheel* da nova economia acelerada".

O termo *flywheel* – como veremos adiante – sendo utilizado com frequência nas discussões estratégicas de redesenho de negócios, pois nos faz pensar em "girar a roda" em vez de apenas "empurrar a caixa". Um *flywheel* é um dispositivo mecânico que acumula energia a cada giro. A física tem muitas explicações, fórmulas e aplicações para esse conceito, mas, aqui no nosso contexto, imagine uma manivela que você gira a primeira vez e é pesada, mas então ela fica mais leve a cada novo giro e, em determinado momento, você pode parar de fazer força e ela continuará girando sozinha.

A nossa "menor explicação do mundo" é que a nova economia tem três *flywheels* girando cada vez mais rápido, e cada um joga energia no outro, criando um efeito geral de mudanças em todos os negócios. São eles: a nova tecnologia, o novo mercado e a nova gestão.

O primeiro é a **nova tecnologia**. Além de as tecnologias tenderem a evoluir como uma curva exponencial – e não linear –, ainda acabam alavancando umas às outras e, assim, aceleram o desenvolvimento da tecnologia. Como resultado, percebemos que a tecnologia está cada dia mais difundida, melhor, mais barata e mais fácil de usar. Um efeito de abundância recente que o giro do *flywheel* da tecnologia causou foi a democratização do conhecimento. Mesmo que cerca de 40% da população mundial ainda não tenha acesso regular à internet, é razoável reconhecer que a tecnologia ajudou a espalhar o conhecimento mundo afora. Ao acessar a internet, temos acesso a mais conhecimento do que todos os nossos antepassados combinados tiveram a oportunidade de saber. E, quanto mais rápido gira essa roda, mais ela joga energia no segundo *flywheel*.

O segundo é o **novo mercado**. A tecnologia mais barata e o conhecimento mais abundante aceleram mudanças no comportamento dos consumidores e no tabuleiro das competições. Os clientes de hoje têm mais informações e alternativas de escolha, o que os torna mais seletivos, críticos e menos fiéis às marcas tradicionais. Imagine quantas alternativas de bancos os nossos avós tinham para abrir uma conta e compare com as que um jovem adolescente tem hoje. Compare também como se abre uma conta em um banco digital atualmente e como isso era feito poucos anos atrás. Nesta economia acelerada, a cada giro do *flywheel* do novo mercado os clientes ganham uma variedade de novas alternativas. Na arena do mercado, o local onde todos disputam por atenção, as mudanças também se aceleram. Vemos cada vez mais competições assimétricas e transversais. A nova economia não aceita nem respeita os limites de setores e categorias simplesmente porque o que interessa é criar valor para o cliente. O efeito de abundância percebido neste *flywheel* é a "explosão de experimentos", uma maneira particular de entendermos o ecossistema de startups. E, quanto mais essa roda gira, mais ela alimenta o terceiro *flywheel*.

O terceiro é o da **nova gestão**. A nova tecnologia, abundante em conhecimento, e o novo mercado, abundante em experimentos, criam um cenário abundante de "incertezas". Essa aceleração de mudanças nos força a adquirir mais conhecimento e experimentar novas formas de gestão para não aumentar a chance de ficarmos obsoletos. *A gestão*, deveríamos pensar, *é a maior de todas as tecnologias*. É a capacidade de organizar as pessoas e os recursos para conseguir fazer coisas incríveis – até inacreditáveis. Quanto mais conseguimos nos reorganizar em torno de nós mesmos, mais energia devolvemos para os outros *flywheels*, acelerando o desenvolvimento da tecnologia e transformando o mercado. Com ou sem pandemias, as mudanças do mundo não parecem desacelerar.

Esses fundamentos nos ajudam a entender mudanças passadas e futuras e perceber que as pessoas estão no centro de todas elas. Afinal, todas as organizações são feitas de pessoas para pessoas.

Essa nova dinâmica acelerada exige que a organização – por meio de suas pessoas – reaprenda a decodificar os sinais das mudanças. As empresas conseguem detectar facilmente o que chamamos de "sinais evidentes", os sinais mais fortes e fáceis de perceber e entender. Essas empresas criam análises SWOT (forças, fraquezas, oportunidades e ameaças) de sinais oriundos das forças políticas, econômicas, socioculturais, tecnológicas e legais-ambientais que orbitam em torno dos seus clientes e concorrentes. É muito bom, mas insuficiente.

As organizações que ambicionam o infinito precisam ser capazes de detectar também os "sinais inevidentes", mais fracos, aquelas coisas estranhas – por vezes desconfortáveis – que estão bem ali na frente e podem nos pegar. O inevidente, quando o seu tempo enfim chega, se torna evidente para todos. Mas a capacidade de decodificar sinais inevidentes é, em geral, desdenhada pelo profissionalismo pragmaticamente perfeito das empresas finitas, e ela vai rareando até que se extingue. As pessoas vão desistindo, pois é torturante precisar enfrentar chacotas de todos: "isso é conversa de maluco", "pare de viajar", "coloque os pés no chão", "você não é pago para ter ideias", "quem manda aqui sou eu" e assim por diante. Você já deve ter percebido os anticorpos contra-atacando em momentos como esse.

Decodificar sinais inevidentes e desenvolver a capacidade de criar hipóteses ambidestras precisa ser estimulado, pois não acontece naturalmente. Na StartSe, por exemplo, nós usamos sete filtros para a nossa lente conseguir perceber os sinais inevidentes, e espero que os exemplos a seguir ajudem a ilustrar isso para você assim como nos auxilia a detectar sinais:

1. **Mosaico de tecnologias de propósito geral**
   - Inteligência Artificial trará uma nova onda de automação? Onde e quando?
   - *Blockchain* significa uma nova era de desintermediação dos nossos complexos arranjos comerciais e a *tokeninzação* de todos os ativos, inclusive não fungíveis?

2. **Arenas competitivas e colaborativas**
   - Quais startups *early-stage* (pôneis) poderiam fazer parte do nosso ecossistema?
   - Quais *big-techs* (quimeras) podem invadir o nosso negócio?

3. **Redesenho das disciplinas de gestão e governança**
   - Como será o futuro do RH? E da TI?
   - Como gerir o orçamento como um fundo de *venture capital* para financiar experimentos?

4. **Entrelaçamento dos setores de mercado**
   - Todos os negócios poderão ser uma *fintech* para fora? Tudo vai virar banco?
   - Todos os negócios vão precisar ser *edtech* para dentro? Tudo vai virar escola?

5. **Ecossistemas inovadores regionais e globais**
   - Quais são as características centrais do *new retail* na China?
   - Como os reguladores atuam nessas regiões que inovam tão rápido?
6. **Ficção científica – os inacreditáveis**
   - *Spacetech*: se os foguetes reaproveitáveis derrubaram o custo de se colocar um quilograma no espaço, a Starlink deverá se tornar a maior empresa de telecomunicações do mundo?
   - *Clean energy*: os experimentos com fusão nuclear não param de crescer e isso poderá mudar a matriz energética do mundo? Hã?! Considerando que a luz elétrica foi criada por Thomas Edison em 1879, estaríamos prestes a ver uma nova e incrível reinvenção?
7. **Tendências ou modismos**
   - *GIG Economy*: as pessoas vão querer mais trabalho e menos emprego?
   - *API Economy*: as arquiteturas tecnológicas serão dominantemente microsserviços? E precisamos de novas estratégias de "*digital supply chains*"?

As Organizações Infinitas fazem com que a detecção de sinais seja um hábito de todos, como um traço da cultura da empresa. Todos que fazem parte do negócio são estimulados a serem curiosos e vigilantes, questionadores e investigativos, para que possam imaginar novas possibilidades, formular novas hipóteses e criar novos futuros.

http://organizacoesinfinitas.com.br/ev2

EV3 | REPERTÓRIO TECNOLÓGICO

A palavra "tecnologia" é utilizada atualmente em tantas situações diferentes que está difícil entender o que significa. Desde os anos 1980, com o início da era da internet, que foi acelerada pela popularização dos computadores pessoais e depois pelos smartphones, tecnologia virou sinônimo de informática. Na maioria das empresas, a palavra ficou vinculada ao departamento de TI (Tecnologia da Informação). Talvez por isso a agenda de muitos executivos ainda seja tomada por debates sobre transformação digital. Obviamente, esse é um tema relevante e um desafio para muitas empresas, mas não para as mais recentes, que já nasceram digitais.

No contexto das Organizações Infinitas, propomos entender tecnologia como tudo aquilo que não é natural. Olhe a sua volta neste instante e você verá tecnologia em praticamente tudo. Tudo é produto, ou subproduto, de alguma tecnologia que um dia pareceu tão incrível que chegou até a assustar alguém, mas, com o passar do tempo, as pessoas vão se acostumando com a presença dela, até o ponto de fazer piadas dos sustos e medos que um dia tiveram. Que o diga quem já andou em um automóvel autônomo ou teve uma sensação de abdução total utilizando óculos de realidade virtual. Ou, ainda, alguém que provou um *nugget* de frango frito de um galináceo que continuava vivo

Propósito não pode ser apenas uma frase bonita abaixo de um logotipo brilhante. Deve ser a expressão que descreve a alma de um negócio e que é capaz de conectar profundamente as pessoas.

– pois, com agricultura celular, você não precisa matar o frango para produzir a proteína.

Por que as pessoas mais jovens parecem ter mais habilidade e menos receio com as tecnologias? Uma explicação interessante é que tendemos a reconhecer como uma nova tecnologia aquela que foi inventada – ou que se tornou disponível – após termos nascido, ou quando começamos a ter mais consciência do mundo, lá próximo da nossa infância. É um pensamento razoável e nos ajuda a entender o porquê de os jovens terem menos dificuldade em aceitar e adotar as novas ferramentas. Quando eles nasceram, a coisa já estava lá, então eles não precisam forçar transformação alguma. Se, para os adultos de hoje, ligar a luz é automático, para os mais jovens é natural dizer: "Alexa! Siri! Google! *Turn on the lights*".

Os adultos, para que consigam entender e desenvolver habilidades tecnológicas, precisam superar inicialmente duas barreiras. A primeira é se despir dos seus preconceitos, aquelas verdades absolutas de quem acha que já conhece como o mundo funciona, e ter uma atitude mais "madura", ironicamente, tentando ser um pouco mais criança. A segunda é parar de se sabotar achando que não consegue mais aprender. Todos podemos aprender coisas novas.

As Organizações Infinitas conseguem instigar o senso de curiosidade em todos e a todo momento. Ao mesmo tempo que é atenta e prudente no uso de novas tecnologias, a companhia se desafia a conhecer, adotar e criar novas tecnologias, pois, se tecnologia é tudo aquilo que não é natural, então todas as empresas são empresas de tecnologia.

O poder estabelecido, o *statu quo*, em todo tipo de organização, seja em uma empresa, seja na sociedade como um todo, sempre desenvolve anticorpos para combater a mudança. A justificativa ética é que devemos nos proteger contra modismos ou aventuras que podem causar danos a todos. Mas muitas vezes, infelizmente, esse argumento apenas disfarça algum outro tipo de interesse ou fobia.

As Organizações Infinitas não temem mudanças, não temem inovações e, portanto, não temem as tecnologias. No fim das contas, as tecnologias não fazem mal a ninguém. Quem faz mal são as pessoas más, que eventualmente utilizam tecnologias para isso. É preciso insistir; o óbvio se revela quando entendemos que são as pessoas que fazem uma organização ser infinita, e não as tecnologias. Essas organizações são feitas por pessoas normais, que acreditam no propósito verdadeiro, têm um elevado senso ético e uma curiosidade ilimitada para descobrir e criar tecnologias. Ao acelerar os ciclos de aprendizado sobre tecnologias, a organização aumenta a sua capacidade de entender o agora e o amanhã – *zeitgeist* e *foresight*.

Zeitgeist é a enigmática expressão em alemão que significa "o espírito da época". Uma organização com baixo repertório tecnológico não consegue perceber o que já está acontecendo lá fora no mercado. Isso porque ela não entende as tecnologias que estão viabilizando essas mudanças – e mesmo as mudanças de comportamento humano estão associadas de alguma forma às tecnologias. A ignorância tecnológica acaba criando uma empresa insensata e preconceituosa.

Foresight é o termo utilizado para descrever o exercício de imaginar os acontecimentos ou as necessidades futuras. Quanto maior o repertório tecnológico, não apenas a especialização, mas a amplitude desse conhecimento, maior a capacidade de uma empresa mapear os seus horizontes de transformação e definir estratégias ambidestras. Ou seja, a ignorância tecnológica mantém a inércia de uma empresa e encurta o seu infinito.

Nas Organizações Infinitas, a tecnologia não é um departamento. O repertório tecnológico representa a curiosidade de cada pessoa e a inteligência combinada de todas, uma mistura de vontade e capacidade de descobrir e desenvolver ferramentas para inovar e criar valor para os outros.

http://organizacoesinfinitas.com.br/ev3

EV4 | ESTRATÉGIAS AMBIDESTRAS

A jornada das empresas vai estar cada vez mais cheia de ambiguidade, indefinições e incertezas. Imaginar que o futuro tende a ser menos previsível nos parece matematicamente plausível, e é ingênuo querer ter certeza sobre o futuro. Se a incerteza é crescente, precisamos buscar mais clareza e menos certeza.

As Organizações Infinitas utilizam mentalidades ambidestras para enfrentar a ambiguidade e esses cenários incertos e indefinidos. O termo "ambidestro" lembra aqueles que chutam bem com as duas pernas, ou que conseguem escrever com as duas mãos, mas a etimologia da palavra sugere que significa "ambos certos". A ambidestria vem sendo experimentada por líderes modernos e descrita por pensadores interessantes. O pesquisador e escritor Jim Collins, por exemplo, nos alerta de que os empreendedores precisam se libertar da "tirania do OU" e abraçar a "genialidade do E".[68]

Acreditamos que a gestão ambidestra seja um dos maiores desafios da gestão moderna, e existem diversas formas de desenhar esse pensamento que propõe divergir para convergir. Nós gostamos de utilizar o símbolo chinês do yin-yang, pois ele ajuda a descrever o poder dessa dualidade e como essas forças opostas e contrárias podem ser complementares e devem ser interconectadas. É combinar os atributos da água *e* do fogo, do positivo *e* do negativo, da conformidade *e* da originalidade, de otimizar o conhecido *e* de desbravar o desconhecido, de ser digital *e* analógico, de ser virtual *e* presencial. Quem pratica a gestão ambidestra descobre que as escolhas nem sempre são binárias, mas um *dégradé* entre os extremos.

As Organizações Infinitas estão sempre buscando ser ambidestras, encontrando o equilíbrio de acordo com o contexto em que vivem e o futuro que conseguem antecipar. Elas focam a eficiência *e* a inovação e, dessa forma, conseguem melhorar sempre o que já sabem *e* aprender rápido o que ainda não sabem. Transformando esse pensamento em práticas do dia a dia, as empresas conseguem mais do que lidar melhor com os futuros incertos, mas proativa e intencionalmente tirar a organização da inércia, o estado de estar parada ou caminhando no mesmo ritmo há muito tempo. Para essas estratégias florescerem, a empresa precisa enfrentar francamente os anticorpos corporativos que combatem qualquer mudança.

Para sair da inércia, é preciso "forçar" a ambidestria, que, naturalmente, não acontece. As Organizações Infinitas desafiam todos os seus líderes para que continuem a desenhar e demonstrar que suas estratégias, ações e recursos estão sendo empregados para otimizar *e* desbravar.

http://organizacoesinfinitas.com.br/ev4

EV5 | DIGNIDADE SUSTENTÁVEL

Qual foi a lição mais importante que seus pais lhe ensinaram? Essa é uma pergunta simples e poderosa, pois nos reconecta com o nosso "eu" criança. E todos nós adultos precisamos ter o compromisso de não trairmos quem fomos naquele tempo. Robert Fulghum é o autor de um livro cujo título, por si só, já é uma lição de cultura corporativa *All I Really Need to Know I Learned in Kindergarten* [Tudo o que eu preciso saber aprendi no jardim de infância].[69]

Descrevemos algumas das lições que ele apresenta na lista a seguir:

- **Compartilhe tudo.**
- **Jogue limpo.**
- **Não bata nas outras pessoas.**
- **Coloque as coisas de volta onde você as pegou.**
- **Arrume a própria bagunça.**
- **Não pegue coisas que não são suas.**
- **Peça perdão quando magoar alguém.**
- **Dê a descarga.**

É óbvio, certo?! Mas o óbvio precisa ser dito, repetido e estimulado, até que o mal que ele combate se dissipe. As Organizações Infinitas não se mantêm passivas, elas se engajam em lutas pela dignidade das pessoas e pela sustentabilidade do mundo.

A expressão "dignidade humana" pode parecer um tanto forte, mas precisa estar aqui para ajudar a representar aquilo que é certo, correto, justo digno – o que pode parecer um tanto ingênuo se considerarmos a variedade de culturas e a quantidade de opiniões diferentes que existem no mundo.

Se obter o consenso absoluto parece pouco provável, a alternativa é sermos mais tolerantes com a opinião dos outros. Precisamos ter mais "agilidade cultural", como explicou Joseph Aoun,[70] a megacompetência que habilita profissionais a terem sucesso em situações transculturais. Agilidade cultural envolve muito mais do que saber se comportar em um restaurante estrangeiro ou ser polido em uma reunião com diversas tribos. Ela nos desafia a uma profunda imersão na cultura, nos hábitos e nos comportamentos humanos de pessoas que podem ter crenças diferentes das nossas. Essa habilidade talvez seja uma maneira inteligente de redescobrirmos a magia da diversidade e a necessidade de lutarmos pela inclusão de todos.

As Organizações Infinitas sabem que pessoas diferentes trazem perspectivas variadas, e um grupo diverso tende a criar soluções mais incríveis, mais inovadoras e certamente mais justas.

O desafio da sustentabilidade está presente nas agendas corporativas há algum tempo, mas nunca se mostrou tão necessário para viabilizar as Organizações Infinitas. A governança corporativa, no seu sentido mais verdadeiro, deveria ser a guardiã da dignidade sustentável. E a sigla ESG (*Environmental, Social and Governance*) ganha cada vez mais a atenção de *shareholders* e *stakeholders*, pois representa os três fatores centrais na avaliação da sustentabilidade de um negócio – ambiental, social e governança – e tem se tornado critério básico nas análises dos investidores conscientes.

Outro movimento está relacionado às *B Corps*, empresas certificadas que conseguem comprovar que possuem os mais altos padrões de performance em desenvolvimento social e ambiental, transparência e idoneidade de seus balanços e propósito. As *B Corps*, que já somam mais de 3.500 empresas no mundo, "estão acelerando uma mudança cultural global para redefinir o que é sucesso em um negócio e construir uma economia mais inclusiva e sustentável".[71] Resumindo: fazendo o bem, o resultado vem.

As Organizações Infinitas sabem aprender, empreender e inovar, mas, acima de tudo, sabem respeitar: cuidam das pessoas e não jogam lixo no mar.

http://organizacoesinfinitas.com.br/ev5

PARTE

5

MODELOS DE NEGÓCIO

> 66 Um modelo de negócio descreve o racional de como uma organização cria, entrega e captura valor. 99
>
> **ALEXANDER OSTERWALDER**

CAPÍTULO 13
NEGÓCIOS INFINITOS

A LÓGICA DA EMPATIA

Tudo o que aprendemos sobre negócios tinha o conceito de "indústria" no centro. Um grupo de empresas e seus produtos em um ambiente competitivo com limites determinados e regras mais ou menos estabelecidas. Uma cadeia de fornecedores e compradores com seus respectivos poderes. Um grupo de competidores e barreiras de entrada definidos. Você deve estar familiarizado com a matriz das Cinco Forças de Porter, *framework* de análise setorial para entender o nível de competitividade de um mercado, e que representa bem esse pensamento.

Nesse mesmo contexto, nunca existiu uma discussão muito relevante sobre "modelos de negócio". Esse é um termo de uso frequente relativamente novo. Na realidade, os modelos eram alguns poucos e não mereciam muitas discussões. Negócios eram feitos mais ou menos da forma como sempre foram feitos, seguindo quase um princípio de ancestralidade. Assim, empresas vencedoras eram as que basicamente jogavam melhor que as outras dentro das regras estabelecidas por sua indústria.

<u>Com a realidade emergente da nova economia, a pressão disruptiva da tecnologia permitiu que esses conceitos e limites fossem questionados, alterando definitivamente a nossa maneira de entender os negócios.</u> Os modelos de negócio passaram a ser a grande fonte de inovação e o termo "indústria" ganhou contornos difusos. Com isso, um novo elemento ganha terreno: a empatia.

Em primeiro lugar, a lógica das cadeias de valor tradicionais se deslocou do "que" para o "como", e o grande negócio deixou de ser "qual produto você vende para quem" para ser "de que forma você resolve o problema de seu cliente". O vazio, antes infértil, entre uma empresa e um consumidor passou a ser o território de construção de valor, criando a percepção de que ter apenas um bom produto não basta mais. Com um consumidor cada vez mais informado e empoderado, vence quem domina esse espaço vazio da maneira mais eficiente.

A lógica dos modelos passou a ser uma lógica de empatia. Coloca-se o cliente no centro, exercendo uma reconfiguração completa da cadeia de valor, eliminando atritos, fricções, tempo e custos desnecessários que não resolviam nenhum problema para o consumidor – e muitas vezes criavam outros. Uma recombinação de elementos que visa estabelecer uma relação simples, ágil e sem fricção, que maximiza o valor para o cliente imediatamente, buscando valor para a empresa ao longo do tempo. Uma lógica menos de "lucro por cada transação" e mais de "lucro por uma relação". Não é preciso dizer quanto esse conceito tem relação direta com a busca pela perpetuidade.

Muitas empresas presas a modelos ultrapassados – presos, por sua vez, em suas sólidas e pesadas cadeias de valor – desapareceram do mercado porque simplesmente se negaram a abrir seus negócios para essa nova lógica. Imaginavam-se protegidas pelas barreiras da "indústria", mas não perceberam que o jogo havia mudado para a dinâmica das "arenas". Arenas abertas e livres para qualquer empresa que quisesse entrar e disputar o posto de melhor "solucionadora de problemas do consumidor". E que vença o melhor modelo.

<u>Pode-se dizer que as Organizações Infinitas se apaixonam todos os dias pelo problema que seu produto resolve e não pelo produto que resolve o problema.</u> Transformam o "cliente no centro" em um dos seus principais mantras e usam isso como o ponto de partida para qualquer decisão sobre o negócio. No limite, aceitam perder dinheiro, mas nunca um cliente. Muitas empresas são tão efetivas em suas missões que se tornam espécies de sistemas operacionais da vida de seus consumidores, sendo o meio pelo qual a dinâmica da vida se desenrola, seja para comer, se locomover, trabalhar ou qualquer atividade essencial. Uma relação tão próxima, tão frequente e tão sem fricção que, ironicamente, tende à invisibilidade. E isso não é ruim. Afinal, ninguém mais quer ser incomodado por uma empresa.

<u>LICENÇAS COMPETITIVAS</u>

A primeira vez que li sobre vantagem competitiva foi no livro homônimo de Michael Porter, de 1981.[72] A ideia que guardei foi que o grande objetivo estratégico de um negócio seria obter vantagem competitiva sólida, conquistando a liderança de seu mercado e rentabilizando suas operações. Seria muito subversivo e inconsequente dizer que esses conceitos estão completamente obsoletos. É óbvio que ter vantagem e estar na liderança é bom.

O problema, como sempre, é não adaptar um conceito histórico ao contexto atual. Quando adotado de maneira categórica, o conceito de sólidas vantagens competitivas cria uma errada noção de posse ou controle sobre um atributo tão exclusivo que o coloca em posição definitiva de vantagem, como se fosse resistir ao tempo e seus impactos.

Conduzir um negócio com o pensamento de que existem vantagens competitivas perenes gera os reflexos errados. Cria-se uma zona de conforto estratégico que atrofia uma musculatura de sobrevivência essencial para um negócio adaptar-se às transformações. E, quando mais se precisa de força impulsiva para acelerar, mais faltam pernas. Muitas empresas se perderam pelo caminho, caindo na ilusão temporal da dominância de seus mercados, e acabaram perdendo não somente *market share*, mas o mercado inteiro.

Em uma lógica de "arenas abertas" e não de "indústrias fechadas", o conceito que mais se aplica é o das "licenças competitivas". Trata-se de uma espécie de permissão temporária que coloca determinada empresa em vantagem temporária, mas que, cedo ou tarde, tende a expirar. Nessa mentalidade, as licenças de um negócio precisam ser constantemente reavaliadas e renovadas para que continuem relevantes em suas arenas. Não se é o melhor, apenas se *está* em primeiro lugar no momento. Um privilégio que precisa ser reconquistado constantemente.

Licenças competitivas são, portanto, um equilíbrio não estático, mas dinâmico. São como um *round* bom dentro de uma luta com novos competidores entrando a todo momento. Aqueles abraçados com suas supostas vantagens abaixaram a guarda e perderam espaço de maneira definitiva. Como exemplo, temos o caso da indústria da música. As grandes gravadoras dominavam a dinâmica de seu mercado com base em vantagens competitivas construídas por anos. Com a mudança do modelo para o padrão digital, suas licenças expiraram, e, por não terem sido revalidadas sobre outros moldes, as gravadoras que sobraram hoje lutam por sobrevivência.

O paradigma de perpetuidade exige que os negócios se renovem constantemente, como um carro em manutenção. Troquem suas peças, seus componentes, suas partes, seu óleo, renovando constantemente o direito de competir em suas corridas. Curiosamente, um carro pode trocar todas as suas peças ao longo da vida, porém, no fim, continuará sendo o mesmo carro.

Empresas presas no passado tendem a acreditar em ressurreição por insistência.

Organizações Infinitas são, portanto, empresas que trabalham obstinadamente para obter vantagens competitivas em seus mercados, mas as tratam como meras licenças. Entendem os elementos relevantes da arena em cada momento específico e adaptam-se para manter esse equilíbrio dinâmico de maneira favorável. Mudam sua proposta de valor ou seu modelo de negócio exatamente no momento em que percebem que perderão relevância dentro do problema que se predispõem a resolver. Colocam sobre si uma pressão para que decisões difíceis sejam tomadas, priorizando a necessidade de reconfiguração constante de ativos, pessoas e habilidades para sua revalidação. Empresas que vivem para sempre exploram partes de seus produtos antigos para construir produtos completamente novos.

EXECUÇÃO ASSISTIDA

Chegamos ao ponto em que se torna clara a conclusão de que os negócios vivem sua "fase software" em vez da "fase hardware". Adaptamos constantemente nosso programa para que carregue a versão mais atual e se mantenha relevante. Algumas vezes, porém, nessas atualizações, torna-se necessário abandonar a programação original e reescrever completamente o código, a fim de manter a relevância.

Quando se utiliza o pensamento das licenças, um dos processos de escolha estratégica mais difícil é a aposentadoria de ativos obsoletos. Muitas vezes os campeões do passado precisam se aposentar por não ter espaço na nova configuração da arena. E isso pode ser um processo doloroso demais.

Empresas presas no passado tendem a acreditar em ressurreição por insistência. Mesmo tendo claros indícios de que sua "indústria" já não é a mesma, insistem que, com um bom plano ou uma execução perfeita, tudo vai voltar a ser como era antes. Ficam tentando reviver aquele "morto" por anos e anos, negando-se a entender que ele já não está mais entre nós. Não é preciso dizer quantas já morreram abraçadas a um defunto.

As Organizações Infinitas vivem para sempre porque sabem morrer o tempo todo. Tratam de maneira natural o processo de execução assistida, abrindo espaço para o novo. Entendem que a aposentadoria forçada de ativos importantes do passado é essencial e tem um *timing* correto para acontecer. Antecipam-se, revendendo negócios ou simplesmente os desativando. Direcionam rapidamente o foco e os recursos para novas frentes, garantindo, assim, um ciclo positivo de renovação entre a morte e a vida.

Como tratam a morte como algo inevitável, lidam com ela de maneira controlada. Suportam impactos de curto prazo, entendendo que o maior impacto é o de não mudar. Provam a morte em pequenos pedaços para que ela não se apodere do todo. Arrastar a vida útil de um negócio com suas licenças vencidas muitas vezes significa prolongar o sofrimento de todos. Sofrimento infinito. É melhor um fim horroroso do que um horror sem fim.

CAPÍTULO 14
INFINITOS NEGÓCIOS

RENASCIMENTO

O renascimento de uma empresa para o novo ciclo de perpetuidade não passa necessariamente por uma inovação disruptiva. Ajustes nos modelos de negócio podem criar um "novo infinito" para essas companhias.

Gosto muito do *case* da *Folha de S.Paulo*, uma empresa nascida em 1921 que entendeu rapidamente esse novo jogo. Lembro-me de quando a internet começou a se popularizar no Brasil. Todo mundo dizia que era o fim dos jornais impressos. E, por consequência, o fim lógico da *Folha*.

"A internet vai matar os jornais." Esse era um futuro possível quando olhamos para a década de 1990. Mas o Grupo Folha, tendo identificado esse sinal no seu radar, não esperou para ver o que aconteceria. Tratou logo, ela mesma, de criar aquilo que poderia destruir a *Folha* e, em 1996, fundou o UOL, que hoje é um dos portais de notícias mais acessado do país.

A *Folha de S.Paulo* vinha de uma história de sucesso de 75 anos e soube reconhecer as três regras para a construção do seu novo ciclo de perpetuidade: desprendeu-se do passado, monitorou o futuro e construiu o "agora", fazendo o que precisava ser feito naquele momento, por mais duro e radical que tenha sido.

Volto a lembrar de Jack Ma, fundador do Alibaba: "Não tem a ver com modelo de negócio, mas com gerar valor para as pessoas". A *Folha* se desprendeu da forma, mas não do objetivo. Olhou para a frente, entendeu o contexto e criou as condições para a perpetuidade da sua relevância. E deu um passo além: sistematizou isso – tanto que, ao manter seu radar ligado e ativo, compreendeu que esse novo formato de mídia também não teria uma vida longa sendo sustentado por anunciantes. Era preciso encontrar outras formas de monetizar aquela audiência toda por meio de novos produtos, serviços e soluções.

Desse ponto em diante, nasceram dezenas de novas empresas, algumas bem-sucedidas e outras não. Para citar duas que podem garantir à empresa um novo ciclo de perpetuidade, destaco o UOL Edtech e o PagSeguro. Para este último, cabe uma análise mais aprofundada.

O UOL não fundou o PagSeguro, que nasceu em 2006 com o nome de BRPay, a primeira plataforma de pagamentos on-line do Brasil. Mas, um ano depois, o UOL comprou a empresa e a batizou com o nome que tem hoje. Mais um ponto positivo para o radar aguçado do Grupo Folha.

O PagSeguro não fazia nada de diferente dos outros negócios do setor. Era uma empresa de pagamentos on-line com uma maquininha igual a qualquer outra. A diferença principal dela para suas concorrentes – maiores e mais ricas – era o modelo de negócio. Enquanto as primeiras alugavam as máquinas e cobravam valores mensais, o PagSeguro decidiu vender o equipamento. Afinal de contas, o grande prêmio desse jogo não era o aluguel de máquinas, mas o ganho financeiro sobre as transações realizadas por elas. O PagSeguro entendeu que a maquininha era o meio, e não o fim, e, com isso, derrubou a primeira peça do dominó.

Com essa simples atualização no modelo de negócio que dominava o setor, o PagSeguro somou milhões e milhões de clientes, tornou-se maior que todos os seus concorrentes e garantiu ao UOL, e por consequência ao Grupo Folha, um novo ciclo de perpetuidade. A empresa fez seu IPO na Bolsa de Valores de Nova York em 2018 e vale, hoje, 20 bilhões de dólares.

Esse *case* é incrível porque mostra uma empresa centenária (*Folha*), que criou algo que seria a própria destruição (UOL), que por sua vez deu origem a outro grande ciclo de perpetuidade ao mexer novamente as peças e criar o PagSeguro.

Outra empresa brasileira que mudou as regras do jogo e conseguiu prosperar foi o Nubank. Hoje considerada a nona startup mais valiosa do planeta, faz tudo o que os grandes emissores de cartão de crédito fazem, mas com um ajuste no foco. O Nubank nasceu focado em oferecer a melhor experiência possível aos seus clientes. Essa é a grande inovação dessa empresa, que foi detectada pelos radares dos grandes bancos e ignorada, por ser insignificante perto deles.

Estou ocupado demais fazendo o que sempre fiz, ganhando o dinheiro que sempre ganhei, pode ter pensado o líder de algum deles. *Como esse, já nasceram outros tantos. Nenhum vai pra frente*, pode ter pensado outro. O fato é que aconteceu. Depois que a meia-noite passou e o Nubank não virou abóbora, todos os bancos começaram a reagir à ameaça real. Aquele pontinho insignificante no radar hoje esbarra nos ombros de qualquer instituição financeira do país, e com uma diferença significante: é visto como aliado e não inimigo pelos seus clientes.

Ao colocar o cliente no centro, o Nubank não apenas descobriu o pote de ouro como também se tornou uma empresa amada pelos usuários, coisa que os grandes bancos nunca foram. Ao menos eu nunca vi alguém feliz da vida postando fotos nas redes sociais com a chegada de um cartão novo por aí, a não ser quando o cartão é roxo.

O Nubank poderia ter sido o novo ciclo de perpetuidade de qualquer um dos grandes bancos brasileiros. Caso um deles tivesse comprado a empresa ou investido nela, certamente aumentaria suas chances de manter-se relevante no tempo, ainda que a empresa original perdesse terreno.

Uma coisa interessante sobre esses novos modelos de negócio, baseados em disrupções totais ou ajustes de curso, é que eles não se limitam a um movimento vertical. Cada vez mais, os novos modelos de negócio se deslocam horizontalmente, tornando-se transversais.

Folha e UOL são veículos de mídia. PagSeguro é mercado financeiro. A Apple sempre foi produto, mas já tem mais de 10% da sua receita vindo da camada de serviços. O Google sempre foi tecnologia, mas pode vir a ser saúde, educação ou mercado automotivo.

Os novos modelos de negócio, que vão garantir os próximos ciclos de perpetuidade das empresas, serão cada vez mais transversais e assimétricos. Uma empresa tende cada vez mais a entrar no mercado da outra, e os pequenos negócios altamente inovadores tendem, na mesma proporção, a desafiar as grandes corporações.

DAVI E GOLIAS

Davi venceu Golias não porque era mais forte ou mais inteligente, mas porque usou armas contra as quais o gigante não estava acostumado a enfrentar. Contra escudo, espada e lança, que até então haviam garantido todas as vitórias a Golias, Davi usou pedras.

Como não podia atingi-lo da forma tradicional, encontrou outra maneira de fazê-lo. Depois de derrubar o gigante e deixá-lo atordoado, sem saber o que o havia atingido, Davi usou a espada do seu oponente para finalizar a batalha. Golias foi morto por aquilo que, até então, o tornava imbatível.

O renascimento de uma empresa para o novo ciclo de perpetuidade não passa necessariamente por uma inovação disruptiva. Ajustes nos modelos de negócio podem criar um "novo infinito" para essas companhias.

Essa é uma boa metáfora para ilustrar os desafios atuais das grandes empresas. As armas do passado não têm mais tanto efeito e, ao mesmo tempo, os negócios não sabem se defender das novas armas usadas pelas empresas mais inovadoras.

Ou o gigante se atualiza ou vai à lona sem nem mesmo saber o que o atingiu.

KRUEL

CAPÍTULO 15
O NEGÓCIO

As empresas que ficam muito tempo fazendo a mesma coisa têm um risco maior ou menor de se tornar obsoletas? A pergunta não tem uma resposta correta, mas nos alerta para o crescente risco trazido pela aceleração das mudanças no mercado e potencializado pela "maldade do sucesso". Esse efeito ocorre quando alguém confunde sucesso anterior, experiência e tradição com garantia de perpetuidade. No centro dessa questão está a capacidade de uma empresa de se manter competitiva e traduzida em um modelo de negócio mutante, sempre em busca de criar valor para os seus clientes.

No roteiro das Organizações Minimamente Infinitas, compilamos cinco aspectos fundamentais para um modelo de negócio dinâmico e competitivo. Vamos a eles:

- MN1 | Sucesso do cliente.
- MN2 | Atenção do mercado.
- MN3 | Valor recorrente.
- MN4 | Autodisrupção.
- MN5 | Plataformas entrelaçadas.

MN1 | SUCESSO DO CLIENTE

O mundo empresarial costuma repetir mantras sobre o valor dos clientes. Muitos quadros pendurados nos corredores, relatórios gerenciais e fundos de tela destacam que o "cliente é a pessoa mais importante que existe", que "o cliente é o rei", ou que "o cliente tem sempre razão". Esta última está um pouco em desuso, pois hoje entendemos que, se o cliente não respeita as pessoas da empresa, ele perde a razão. De qualquer forma, uma coisa é clara: sem clientes, sem negócio.

Uma disciplina que vem ganhando a atenção das empresas – e até se tornou uma posição executiva – é a *Customer Success Management* (CSM), ou a Gestão do Sucesso do Cliente. A sua missão é simplesmente garantir que o cliente esteja feliz e, como consequência, faça mais negócios com a empresa. Muito além de uma Central de Serviços, Atendimento ou Suporte, ou uma área de Qualidade ou Satisfação de Clientes, a CSM precisa ser obcecada pela ideia de entregar o valor prometido pelo modelo de negócio e manter a empresa fiel ao propósito.

Ao primeiro olhar, esse pensamento parece ser apenas uma releitura de antigas práticas de gestão, mas é diferente porque precisa ser diferente. E a razão disso é que o cliente está mais diferente a cada dia. O mantra que "o cliente é o rei" tem se tornado mais verdadeiro. O cliente (pense que ele é você) tem se tornado mais independente e soberano em suas decisões. A quantidade de informações que ele captura sobre a promessa de uma empresa – sejam pelas avaliações ou pelos comentários em redes sociais –, multiplicada pela variedade de novas alternativas de concorrentes para resolver o seu problema, torna obrigatória essa obsessão pelo sucesso do cliente.

O benefício dessa forma de pensar e agir é confirmado na história da "cadeira vazia". Jeff Bezos, fundador da Amazon, costumava manter uma cadeira vazia na mesa de reuniões para que todos os executivos imaginassem que ela estaria ocupada pelo cliente, "a pessoa mais importante da sala".[73] Já imaginou se os seus clientes pudessem ouvir as reuniões internas da sua empresa? Pois essa é a filosofia de negócios que Jeff Bezos usava para desafiar os seus executivos a não se esquecer de quem realmente manda no jogo.

As Organizações Infinitas sabem que, se houver verdade, a obsessão por clientes tem um efeito mágico em todos os "tempos e movimentos" da empresa. Essa filosofia parece restabelecer o princípio básico do espírito empreendedor: empreender, fundamentalmente, é criar valor para os outros e, como consequência, ser recompensado por isso.

http://organizacoesinfinitas.com.br/mn1

MN2 | ATENÇÃO DO MERCADO

Todas as empresas estão concorrendo com todas as outras empresas. Não importa se o setor é turismo, seguros, alimentos, entretenimento, equipamentos... todas elas estão disputando o bem mais escasso das pessoas: a atenção.

Disputar a atenção das pessoas e induzi-las a uma ação sempre foi o desafio do marketing, da publicidade e da propaganda. O que antes era simplesmente parte do dia a dia da nossa vida, dos programas de

TV, dos jornais e das revistas ou dos *backlights* e da panfletagem nas ruas, hoje causa espanto quando vemos a dimensão que ganhou essa disputa por atenção nas plataformas e redes sociais. Nesses ambientes digitais, os algoritmos de Inteligência Artificial, em especial os sistemas de recomendação, nos levam a outros patamares. E agora, que vemos que a matemática e a computação estão trazendo um mar de novas possibilidades para o marketing, os padrões éticos precisam estar ainda mais elevados.

Na perspectiva de conquista do mercado, essa nova caixa de ferramentas de tecnologias e metodologias traz oportunidades para reduzir o *Customer Acquisition Cost*, ou Custo de Aquisição de Clientes (CAC), uma expressão comum no mundo startupeiro e que, basicamente, mede o custo médio para se trazer um novo cliente para a empresa. Essa sigla desafia continuamente os empreendedores inovadores a buscar formas de otimizar suas estratégias para capturar a atenção e converter novos *leads*.[74] E, obviamente, buscar continuamente o "sucesso dos clientes" para que eles não os abandonem, senão o CAC aumenta.

Nessa crescente disputa pela atenção dos clientes e otimização do CAC, um dos mantras é que "o conteúdo é a nova propaganda". (E arrisco dizer que a educação, em breve, será o novo conteúdo.) A visão é que precisamos nos comunicar com os clientes, buscando conversar com os problemas ou desejos deles, e não com os nossos – precisamos vender o que fazemos. Mas a estratégia por detrás disso está em dar algo de valor aos clientes antes de pedir a eles algo em troca.

O ecossistema de startups é uma fonte de criação de novos conceitos e métodos de gestão, pois os insurgentes precisam criar estratégias não convencionais para conseguir desafiar os incumbentes. Ou seja, a única maneira de uma startup desconhecida vencer em um mercado repleto por empresas estabelecidas é inovando. Ponto.

Dois conceitos – quase metodologias – ajudam a trazer mais praticidade para essa perspectiva de aquisição de clientes: *growth hacking* e *blitzscaling*.

Growth hacking é um método para capturar novos usuários e clientes para uma empresa. Mas o criador do método insiste que os times de *growth* (crescimento) deveriam ter atribuições mais amplas: eles deveriam ser também "ativadores de clientes", fazendo com que os usuários e clientes utilizem e comprem mais as soluções, além de criar evangelizadores que influenciem e tragam mais usuários e clientes. E, ainda mais, esse time deveria buscar maneiras de reter e monetizar os clientes atuais, buscando crescimento sustentável no longo prazo.[75] Pegando carona nessa forma de pensar, é fácil perceber que essas responsabilidades se conectam diretamente aos times de desenvolvimento de produtos, girando mais rápido o *flywheel*.

Blitzscaling é apresentado pelos seus criadores como "uma estratégia e conjunto de técnicas para direcionar e gerenciar um crescimento extremamente rápido em um ambiente de extrema incerteza, priorizando a velocidade em vez da eficiência".[76] Ou seja, se a previsibilidade é baixa, é melhor acelerar o aprendizado do que procrastinar até se ter certeza. É isto: quem se move aprende. Segundo os autores, o pensamento estratégico normal nos ensina a capturar informações e tomar decisões apenas quando tivermos razoável confiança de qual será o resultado. Entretanto, esse pensamento é ineficaz quando uma nova tecnologia está criando um novo mercado ou bagunçando totalmente o atual. Pense nessas afirmações utilizando um *mindset* digital: algumas vezes não vale a pena corrigir um *bug* no software, pois é mais fácil criar uma nova versão.

As Organizações Infinitas utilizam novas tecnologias e metodologias para que possam conhecer os seus clientes melhor do que qualquer outra. Elas inovam constantemente para obter, de maneira ética, a atenção deles e, dessa forma, ganham a sua confiança para quando decidirem dar o próximo passo. Iterando e interagindo com seus clientes, elas criam as próprias tecnologias e metodologias.

http://organizacoesinfinitas.com.br/mn2

MN3 | VALOR RECORRENTE

Toda empresa existe para resolver o problema de alguém. Quando o problema muda, ou esse alguém muda, ou quando surgem melhores maneiras de resolver os problemas, a meia-vida da empresa diminui. O termo "meia-vida" é proveniente da física para descrever o tempo que leva para determinado elemento se reduzir à metade do seu tamanho original ou perder metade de suas propriedades. Como o *flywheel* da nova economia segue acelerando, é razoável imaginarmos que o tempo até a "meia-vida" de qualquer organização está diminuindo, e a obsolescência se aproximando.

Em inovação, o termo *Ideal Final Result* (IFR) nos ajuda a combater visões limitantes e alongar a meia-vida da organização. Mirar nesse Resultado Final Ideal é escarafunchar qual é realmente o problema do problema do cliente – ou do cliente do cliente – para reimaginar e reinventar soluções para ele. São esses os tipos de pergunta que precisamos nos fazer: os clientes vão querer escolas ou vão querer aprender? Vão querer bancos ou serviços financeiros? Vão querer lojas ou usufruir de produtos com preços baixos, opções variadas e conveniência? Automóveis ou ir daqui para lá? Hospitais ou saúde?

Então, pense bem: qual o IFR para o seu cliente? Infelizmente, o IFR é quase utópico, pois o problema se move à medida que conseguimos vencê-lo. Talvez por isso as pessoas que não se acham criativas evitem falar sobre isso: não parece prático. É realmente desconfortável debater sobre aquilo que não sabemos direito e que nos traz ainda mais incertezas, afinal, a vida profissional já é estressante o suficiente. Então é melhor procrastinar essa conversa e deixar para o próximo da fila. E, assim, lá vem mais uma Kodak, e lá se vai para o brejo o nosso infinito.

Criar valor é resolver problemas. Mas a quantidade de maneiras diferentes que alguém pode criar valor para os outros – ou, se você preferir, as maneiras de uma empresa ganhar dinheiro – tem se multiplicado. Os modelos de negócio, até pouco tempo atrás, eram pequenas variações de "coisas e canais". As coisas representam o que uma empresa faz e os canais, os meios pelos quais os clientes têm acesso às coisas. Nos acostumamos a vender ou alugar nossos produtos, vender nosso conhecimento e nossas informações, alugar nossa mão de obra – e esta última nos faz lembrar do triste e finito modelo de negócio baseado no "homem-hora". Mas a recombinação de novas coisas e canais, misturando físico e digital, criou espaço para a reinvenção dos modelos de negócio.

Eventualmente, os modelos de negócio se confundem com estratégias de marketing, mas a ideia central é demonstrar como uma organização cria valor para os clientes. Temos sido impactados por uma avalanche de diferentes combinações de "novas coisas e novos canais", capazes de criar valor muito superior aos modelos tradicionais. Muitos modelos de sucesso do passado estão rapidamente se tornando obsoletos. Hoje ouvimos falar em modelos *freemium, pay-per-use, open-source, marketplaces, micro (software-as-a) services, tokenização,*

Empreender, fundamentalmente, é criar valor para os outros e, como consequência, ser recompensado por isso.

e até "receita oculta", aquela ideia de que, se você está utilizando alguma coisa e não lhe cobram nada, é porque você não é o cliente, é o produto.

A visão de IFR, a simplificação de coisas e canais, a convergência do físico e digital e o redesenho de modelos de negócio nos trazem oportunidades de aumentar o *Lifetime Value* (LTV). Existem outras variações desse termo, que é mais uma expressão startupeira e representa o valor estimado que cada cliente tende a deixar para a empresa ao longo do seu relacionamento com determinada operação. Não é uma matemática perfeita, mas é o LTV que fecha a conta com o CAC anterior. Desenhar modelos de negócio que geram valor de maneira recorrente é conquistar a atenção dos clientes. Criar soluções com menos atrito, garantir o sucesso do cliente, aumentar a iteração e interação com o mercado, transformar clientes em advogados da causa e criar fluxos contínuos de criação de valor e geração de receitas. O desafio contínuo é diminuir o CAC e aumentar o LTV.

As Organizações Infinitas estão sempre em busca da solução ideal final para os seus clientes, apesar de saberem que isso nunca será alcançado. Por meio dessa visão, porém, criam uma jornada incrível de relacionamento com eles, resolvendo problemas e entregando valor todos os dias.

http://organizacoesinfinitas.com.br/mn3

MN4 | AUTODISRUPÇÃO

A palavra "disrupção" invadiu o mundo empresarial e é repetida exaustivamente nas mais diversas situações. Os dicionários explicam que disrupção significa o ato ou efeito de romper(-se), que representa a quebra do curso natural das coisas. A percepção geral de disrupção é quando escapa aquele *uau!*, seguido de um palavrão. Ou seja, é algo que fugiu da trajetória (supostamente) normal de evolução. Para mim, a melhor interpretação de disrupção é aquilo que conseguiu tornar a opção anterior obsoleta.

O professor Clayton Christensen, autor do aclamado livro *O dilema da inovação*,[77] foi quem provavelmente mais ajudou a expressão a entrar na moda. Ele afirma que é difícil sustentar o sucesso porque as empresas fazem duas coisas que precisam ser feitas, e são ensinadas desta forma nas escolas de negócios: (1) você deve sempre ouvir e atender às necessidades de seus melhores clientes, e (2) você deve concentrar os investimentos nas inovações que prometem os maiores retornos. Essa teoria é perturbadora e soa tão estranha como ouvir que, quanto mais você fizer o que precisa ser feito, mais cedo vai falhar. Por esse motivo, ele chamou de dilema da inovação. E esse dilema se torna real quando tecnologias disruptivas são utilizadas para trazer uma nova proposta de valor para o mercado.

Vinte anos após desenvolver a Teoria da Inovação Disruptiva, o professor Christensen fez uma revisão em que ensinou:

> *Disrupção* descreve um processo pelo qual uma empresa menor, com menos recursos, é capaz de desafiar com sucesso as empresas estabelecidas. Especificamente, à medida que estas últimas se concentram na melhoria de seus produtos e serviços para seus clientes mais exigentes (e geralmente mais lucrativos), eles excedem as necessidades de alguns segmentos

e ignoram as necessidades de outros. Novos empreendedores disruptivos passam a visar esses segmentos negligenciados, ganhando uma posição ao entregar funcionalidades mais adequadas – frequentemente a um preço mais baixo. As empresas estabelecidas, buscando maior lucratividade em segmentos mais exigentes, tendem a não responder com vigor a essa atividade. Os novos empreendedores então se desenvolvem, entregando o desempenho que os clientes exigem, enquanto preservam as vantagens que impulsionaram seu sucesso inicial. Quando os principais clientes começam a adotar as ofertas dos novos concorrentes em volume, a disrupção ocorreu.[78]

As teorias mais famosas sobre inovações e tecnologias disruptivas acabam produzindo diversas outras subteorias. Mas, quando as reais inovações impactam os mercados, acabam por desmentir uma porção de teses. A inovação é que nos desafia a reconhecer que não sabemos o que não sabemos, a alimentar a nossa curiosidade sobre o futuro e a aumentar a nossa coragem para nos aventurarmos adentro da incerteza. Como disse Ozan Varol, autor e ex-cientista da NASA, "onde termina a certeza inicia o progresso".[79]

O que percebemos é que, quanto mais tecnologias disruptivas surgirem, mais se aproxima disrupção de qualquer negócio. Portanto, que seja a própria empresa a responsável por romper o curso natural de sua história. Um exercício ousado, mas necessário, é o que alguns chamam de "mate a sua empresa" ou "ataque a nave-mãe", que busca provocar a descoberta de "oportunidades" de se autodestruir. Esse esforço intelectual ajuda a definir estratégias para validar potenciais disrupções, seja adquirir ou investir em startups com alto potencial, seja financiando laboratórios ou unidades apartadas dedicadas à destruição do modelo de negócio existente. As Organizações Infinitas entendem que o sonho da perpetuidade depende da própria coragem de se reinventar.

http://organizacoesinfinitas.com.br/mn4

MN5 | PLATAFORMAS ENTRELAÇADAS

Ming Zeng é o *zong canmouzhang* da Alibaba, a poderosa *big tech* chinesa que foi citada anteriormente. A posição que ele representa é relativa ao terceiro escalão na hierarquia militar do Exército chinês e equivalente, no mundo corporativo ocidental, a um *Chief Strategy Officer*. Ming Zeng é estrategista, estudioso de negócios com experiência no Ocidente e autor do livro *Alibaba: estratégia de sucesso*.[80] Nele, conta que precisou criar novos conceitos e métodos de estratégia e gestão, desde *frameworks* conceituais a abordagens pragmáticas, para conseguir orientar as inovações e o modelo de negócio sem precedentes que a Alibaba lançava. Segundo ele, existe um novo tipo de estratégia na qual as empresas incorporam a nova tecnologia para conectar todos os participantes do seu ecossistema e redesenham as indústrias. Ele chama essa estratégia de *smart business*.

A visão do *smart business* lembra o conceito de plataforma, mas ele resume a estratégia em dois pilares: *network coordination* e *data intelligence*. A coordenação de rede (*network coordination*) é a capacidade de criar em larga escala grandes redes de negócios – ou poderíamos chamar de plataformas –, um tipo moderno e digital de coordenação que consegue gerar resultados muito diferentes das cadeias de valor lineares, nas quais os pedidos são passados sequencialmente entre os atores da cadeia. A inteligência de dados (*data intelligence*), por sua vez, é uma referência direta ao tsunami tecnológico popularmente simplificado sobre o guarda-chuva da Inteligência Artificial, que permite a gestão eficaz e tomada de decisões nessas complexas redes e relacionamentos. Para o autor, esse conjunto de tecnologias traz tantas possibilidades que, em vez da palavra *digitalization*, ele prefere usar *datafication*.

Mas o *framework* conceitual mais popular que Ming Zeng criou serve para que cada empresa defina o seu posicionamento estratégico nos novos ecossistemas de negócios transformados pelas plataformas. Ele descreve o conceito utilizando três figuras geométricas: o ponto, a linha e o plano.

- **Ponto:** é a empresa que provê um serviço funcional, uma função ou capacidade; precisa ser simples, com uma operação pouco complexa; sua estratégia deveria ser se conectar a novos planos que emergem e linhas que crescem rapidamente em nichos.
- **Linha:** é a empresa que provê produtos e serviços combinando capacidades produtivas, inclusive de pontos e planos; precisa ser enxuta e otimizar seus processos; sua estratégia deveria ser utilizar os recursos disponíveis nos planos para conseguir incorporar bons pontos.
- **Plano:** é a empresa que conecta as outras; precisa saber fazer "*matchmaking*", desenhando sistemas e instituições que intermedeiam relacionamentos; sua estratégia deveria ser facilitar o crescimento de pontos e linhas.

Segundo Ming Zeng, todas as empresas desejam – mas nem todas conseguirão – ser planos, ou seja, plataformas. Porém, também é possível ter muito sucesso sendo apenas um ponto ou uma linha, desde que você saiba se conectar e se potencializar com as outras formas.

São as plataformas digitais os novos agentes dessa conexão, pois "plataforma é o tipo de negócio que está baseado em permitir interações de criação de valor entre quem produz e quem consome".[81]

Se pegarmos carona nesse conceito, acredito que podemos ousar um pouco mais. O grande efeito por detrás dessas transformações das plataformas é o chamado *network effect*, o efeito rede, que a digitalização elevou em muitas ordens de magnitude. Usamos figuras geométricas para conseguir visualizar e nos fazer entender, entretanto, na prática, no mundo digital, tudo pode se conectar com tudo. Não são apenas redes, mas redes distribuídas. São redes com menos centralidade, pois ninguém será centro de nada, todos seremos nós em uma rede infinita. O que devemos imaginar é um entrelaçamento entre todas as plataformas, entre todas as empresas e todas as pessoas; entre os produtores, os consumidores e os *prosumers* – aqueles indivíduos que produzem e consomem. As Organizações Infinitas se entrelaçam com todos os pontos do mercado, sem criar nós cegos.

http://organizacoesinfinitas.com.br/mn5

PARTE 6

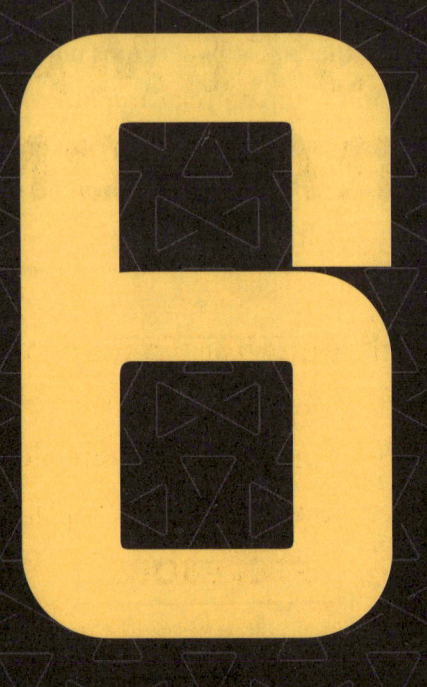

SISTEMAS OPERACIONAIS

> " Analisamos o sistema operacional, analisamos tudo e perguntamos como poderíamos torná-lo mais simples e mais poderoso ao mesmo tempo. "
>
> **STEVE JOBS**

CAPÍTULO 16
SISTEMAS INFINITOS

A BATALHA DO MOVIMENTO

Na Antiguidade, o Império Persa tornou-se gigantesco porque o imperador Dario I entendeu que precisaria criar um sistema de comunicação mais ágil e veloz. Para isso, colocou um posto com um cavalo descansado a cada 25 quilômetros em sua estrada real. Assim, as informações fluiriam continuamente com cavalos descansados cruzando seu governo rapidamente. Isso mantinha o Império em movimento, constantemente informado e pronto para agir. Uma inspiração que data mais de 2 mil anos.

Na dinâmica da nova economia, o ritmo acelerado de mudanças faz com que a linha de chegada se mova na mesma velocidade que o corredor. Em uma corrida sem um fim aparente, empresas perdem por sua incapacidade de manter o ritmo diante de tantas mudanças. "A capacidade de nos mantermos em movimento é a matéria-prima de que é feita uma nova hierarquia de poder." [82]

Vivemos, portanto, a impossibilidade de permanecermos fixos. Ser moderno de verdade significa estar em movimento constante. Dentro dessa lógica moderna, manter-se agilmente sempre um passo à frente é obter algum tipo de controle sobre sua situação. Afinal, se uma empresa lidera a transformação, pode escolher antes das outras como se relacionar com sua cadeia de valor e se posicionar de maneira favorável ao longo do tempo. Como dizem, ou você faz a sua estratégia, ou alguém a fará no seu lugar.

Antes, a jornada das empresas acontecia em um circuito fechado em ritmo constante. Vivemos agora em um tempo em que os trilhos se montam na frente do trem. As decisões são tomadas ao longo do percurso, demandando reação ágil aos impactos que se apresentam no decorrer do caminho. A garantia de manter a locomotiva em perpétuo movimento depende não somente da adaptabilidade mas também da agilidade do maquinista.

Agilidade é diferente de velocidade. Velocidade implica rapidez de deslocamento de um ponto a outro. Quanto mais rápido, melhor. Já a agilidade implica no equilíbrio de habilidades durante esse deslocamento. Quanto mais hábil, melhor. Gasto de energia, estado final do veículo, satisfação dos passageiros... tudo isso conta para o princípio da agilidade. Ele chega rápido, mas não chega de qualquer jeito. Você preferiria estar em uma viagem com um maquinista rápido ou ágil?

A batalha por perpetuidade é a batalha do movimento. As Organizações Infinitas são diferentes não somente porque articulam estratégias e modelos que possam garantir competitividade mas também porque colocam isso para rodar com agilidade. Nutrem uma relação funcional entre a qualidade de seu pensamento e sua velocidade de execução, fazendo os planos efetivamente saírem do papel. Evitam a todo custo a armadilha comum do infinito vácuo temporal entre o plano e a ação, no qual o resultado final é apenas uma eterna frustração.

Elas reconfiguram suas dinâmicas para trabalhar com a noção do "espaço-agilidade", na qual o deslocamento promovido por determinada ação é sempre acompanhado por uma avaliação imediata que determina ajustes ao longo do próprio percurso, sem que o ritmo diminua. Não é somente seguir rápido, como uma explosão de força e vigor, mas seguir ágil com esforço inteligente e canalizado para ganhar pressão aceleradora.

Também estão sempre prontas para a ação. Você deve se lembrar de algum filme de Velho Oeste, com aquelas cenas em que o bandido sai correndo do bar e seu cavalo está lá, pronto para a fuga. É mais ou menos esse o espírito. O cavalo de uma Organização Infinita está sempre selado, pronto para a próxima aventura.

LIBERDADE AO FRONTE

Imagine-se em uma guerra. Imagine-se precisando tomar decisões na fronte de batalha. Agora imagine se, toda vez que fosse tomar uma decisão de combate, fosse preciso voltar para o QG para aprovar e registrar o movimento em um livro. Com toda certeza, esse processo, além de tirar o dinamismo de que o combate necessita, cansa os combatentes e os confunde sobre o objetivo: vencer a guerra ou reportar com precisão cada movimento?

O que comumente torna empresas despreparadas para agilidade é uma governança centralizadora de recursos e decisões. Isso tira autonomia de quem conhece o terreno e cria distanciamento entre o problema a ser resolvido e os recursos disponíveis para que isso aconteça. O ambiente torna-se mais lento pela própria burocracia interna que se preocupa em registrar e aprovar quaisquer movimentos e alterações constantemente. Um incentivo contrário à flexibilidade e agilidade de movimento que são necessárias para a perpetuidade.

As Organizações Infinitas estabelecem altos níveis de autonomia de decisões e empoderam a fronte com liberdade e responsabilidade para tomar decisões. Por terem resultados-chave alinhados previamente, além de uma governança ágil para acompanhar o progresso,

O cavalo de uma Organização Infinita está sempre selado, pronto para a próxima aventura.

sabem que existem momentos certos para rever os planos e outros para vencer a batalha. Como em uma guerra de trincheiras, quebram um grande objetivo em passos menores e deixam o exército encontrar as melhores formas de alcançar o resultado.

Em sua gestão, as Organizações Infinitas fazem ciclos de aprovações de investimento mais rápidos e frequentes, garantindo que os recursos estejam sempre fluindo para as frentes mais promissoras. Isso é uma das "adaptações ao terreno" mais importantes. Mais do que somente adaptar ações ao longo da jornada, adaptar recursos é a chave para que se obtenha a máxima exploração das oportunidades. E, como estão frequentemente explorando frentes simultâneas, as linhas de fornecimento não podem ser interrompidas para que o ritmo do combate seja mantido.

RECURSOS EM CATIVEIRO

O planejamento anual das empresas comumente termina em um processo de distribuição de recursos em que cada departamento sai com seu "pacotinho de dinheiro" para investir ao longo do ano. A partir daí, criam-se entidades internas separadas, nas quais os recursos são mantidos em cativeiro, quase como um "direito conquistado", pelo período de um ano. Executivos geralmente "escondem" seus orçamentos até o final, independentemente dos resultados de suas atividades. Se dinheiro é poder, ninguém quer perdê-lo.

Em sua grande maioria, os investimentos são alocados no estilo *all in* em grandes e longos projetos. Nessa dinâmica, esses projetos tipicamente agem como um gigantesco ímã, drenando toda a energia, a atenção e o foco de uma empresa. Congelam todo o resto a sua volta, mantendo recursos presos por grandes períodos e sendo pouco eficazes do ponto de vista da adaptabilidade e da agilidade.

Projetos-ímã como esses criam uma legião de oportunidades órfãs a sua volta. Sobram poucos – ou nenhum – recursos para conduzir oportunidades menos concretas ou comprovadas. Experimenta-se menos e, por isso, todos ao redor pagam o "custo de guerra", ficando expostos aos riscos da disrupção. O que frequentemente acontece é que, quando empresas fazem grandes apostas solitárias e essas não surtem o efeito desejado, tornam toda a sua base de negócio ainda mais vulnerável.

É um caminho meio sem saída porque em muitas organizações ou se aprova um projeto completo, ou não se tem recursos para nada. Oito ou oitenta. Assim, aprovar um projeto é algo que denota a vitória de quem o conduz, mas ao mesmo tempo determina um fardo que deve ser carregado por todos. Ironicamente, ao fazer isso – investir em grandes projetos da forma tradicional –, torna-a ainda mais lenta, porque todo o resto para, esperando a sua vez.

Organizações Infinitas organizam-se em torno de oportunidades e seus recursos são gerenciados de maneira flexível, na qual, por não estarem diretamente atrelados a pessoas ou departamentos, não estão sequestrados. Podem circular livremente de um lado a outro, sendo aplicados onde os resultados são mais promissores ou as apostas são maiores.

O que muda é o fato de que a alocação mais flexível de recursos força projetos a serem testados previamente como experimentos antes de drenarem todos os recursos a sua volta. Assim, as Organizações Infinitas estão sempre investindo de maneira mais descomprometida em pequenas coisas. **Preferem o ágil e superficialmente certo do que o lento e extremamente preciso.** E, por investirem assim, consequentemente aprendem mais e mais rápido e se comprometem com grandes coisas na sequência. Quase um paradoxo: a "certeza de perpetuidade" só é conquistada por meio de um conjunto de pequenas e frequentes incertezas.

CAPÍTULO 17
INFINITOS SISTEMAS

UMA MÁQUINA DE EXPERIMENTOS

A StartSe tem boa taxa de acertos nos lançamentos dos seus produtos. Sempre que sou instrutor de algum curso ou participo de alguma palestra, as pessoas me perguntam qual é a técnica para lançar produtos de sucesso.

Basicamente, ela consiste em tentar quantas vezes forem necessárias até que se tenha um grande acerto. Nós não lançamos apenas produtos de sucesso e muito menos somos bons nisso. Mas nós fomos espertos, eu diria, em entender que, quando você não tem certeza de algo, é preciso fazer experimentos.

Por isso, eu digo que nossa empresa é um laboratório de testes ou uma máquina de experimentos. Nós capturamos uma infinidade de dados, processamos tudo isso, entendemos os parâmetros e chegamos a algumas hipóteses. Depois, vamos a campo para validar todas elas. A partir daí, fazemos um filtro. Acreditamos que a hipótese A tem boas chances de se transformar em um produto de sucesso. Criamos várias versões dela, expomos aos nossos clientes e coletamos mais dados.

Vamos imaginar que as versões A1, A3 e A7 tiveram melhores resultados. Criamos novos experimentos apenas com essas três versões para entender qual delas obtém o melhor desempenho. Depois disso, vamos com força para o mercado e tentamos escalar o produto para o maior número possível de potenciais consumidores.

Para cada versão, são feitos de dez a quinze pequenos experimentos. No fim desse processo, é provável que para criar um único produto de sucesso tenhamos feito pelo menos duzentos testes de viabilidade. Não é que sejamos bons em criar produtos: somos insistentes em obter as respostas.

A StartSe não ativa sua máquina de experimentos apenas na hora de criar um novo produto. A empresa toda é a máquina. Nós validamos e revalidamos nosso modelo o tempo todo, fazendo os ajustes necessários para que continuemos gerando valor para os nossos clientes, independentemente da forma como isso ocorrerá. O desapego quanto à forma, aliás, é um elemento fundamental, uma vez que o objetivo principal é gerar valor. Para criar um modelo de negócio que seja editável, primeiro é preciso aceitar que nem todas as ações trarão resultados positivos. Compreendido isso, é preciso criar uma cultura de testes curtos e aprendizados rápidos e intensos.

Aprendemos, nos últimos anos, que empresas devem ser organizações enxutas, com modelo organizacional simples, eliminando excessos e falsos controles. Uma empresa enxuta tende a ser mais fluida, com menos níveis hierárquicos, menos degraus para serem escalados quando uma decisão estratégica precisa ser tomada rapidamente. Nós aprendemos também que as empresas devem ser organizações exponenciais, ou seja, precisam usar a tecnologia a seu favor para escalar produtos ou serviços com muita velocidade. Empresas exponenciais crescem muito mais do que empresas tradicionais. Mas o que percebemos recentemente é que o modelo de gestão enxuta e o crescimento exponencial são parte de algo maior e que deveria se repetir outras tantas vezes durante o tempo de vida de uma empresa.

As empresas precisam ser como as Organizações Infinitas, que utilizam métodos de gestão enxuta nos seus processos e buscam crescimento exponencial o tempo todo, em cada um dos seus ciclos de perpetuidade. Ao entender essa combinação, fica mais fácil fazer os movimentos necessários para adequar as empresas para o próximo estágio. O objetivo não é ser enxuto. A meta não é ser exponencial. A vitória acontece quando as empresas se tornam infinitas, renovando seus ciclos de perpetuidade de tempos em tempos.

O caso do Airbnb mostra a importância de ser flexível. No início da pandemia de covid-19, a empresa foi uma das mais afetadas. Afinal, as fronteiras foram fechadas, ninguém estava disposto a viajar e, por isso, as reservas por meio da plataforma caíram drasticamente. Rapidamente a empresa reagiu, adequou-se ao novo cenário, fez os cortes necessários e experimentou diversas alternativas para continuar gerando receita. Ao revisitar seus objetivos, o Airbnb se reconectou com seu verdadeiro propósito: oferecer experiências aos seus clientes.

Enquanto não podia oferecer as hospedagens, a empresa focou em criar experiências on-line. Em pouquíssimo tempo, traçou uma estratégia para produzir mais de oitocentas atividades que compreendem aulas de culinária, experiências artísticas, atividades culturais e várias outras. Tudo isso conectado com o local para onde o cliente deseja viajar no futuro. O Airbnb criou uma jornada de experiências que começa antes da viagem.

Em junho de 2020, o fundador da plataforma publicou uma carta em que afirmava: "Levamos doze anos para construir a empresa e perdemos quase tudo em semanas".[83] Mas, por conta da capacidade incrível de adaptação, de testes curtos e de aprendizados rápidos e intensos, em dezembro do mesmo ano, a empresa fez seu IPO na Nasdaq avaliado em 100 bilhões de dólares.

Outro exemplo de adaptação rápida proporcionada por um modelo de gestão editável é a 99. No início das suas operações, em 2012, a empresa chamava-se 99 Táxis. Nessa época já existia a Uber, outro aplicativo de transporte focado em motoristas particulares.

A Uber, fundada em 2009, só chegou ao Brasil em 2014. Quando isso aconteceu, ganhou mercado rapidamente, oferecendo um serviço mais barato e de maior qualidade. Isso exigiu uma reação rápida dos aplicativos de táxi, que também faziam um bom trabalho.

Como já aprendemos que o que realmente importa é gerar valor, independentemente da forma, a maneira que a 99 Táxis encontrou para criar um novo ciclo de perpetuidade foi tirar o "táxis" do seu nome e criar a própria Uber, batizando-o de 99 Pop.

Isso não evitou que a Uber continuasse crescendo, mas fez com que a 99 não perdesse sua relevância. Tanto que, em 2018, a empresa foi comprada por 960 milhões de reais pela gigante chinesa de transportes Didi Chuxing e continuou sua bem-sucedida jornada. Hoje, avançou transversalmente no seu modelo de negócio, com um braço de mercado financeiro chamado 99 Card e o serviço de entrega de comida batizado de 99 Food.

RE.STARTSE

A própria trajetória da StartSe durante a pandemia virou *case* e se transformou em um modelo que foi replicado por diversas empresas no Brasil e em outros oito países. A rápida recuperação só foi possível porque temos um modelo de gestão que permite mudanças rápidas e adaptações contínuas.

Em março de 2020, celebrávamos os recordes de receita obtidos em janeiro e depois em fevereiro daquele ano. Estávamos acima da

Para criar um modelo de negócio que seja editável, primeiro é preciso aceitar que nem todas as ações trarão resultados positivos.

meta projetada, e tudo parecia caminhar para o melhor ano da nossa história. Até que, no dia 17 de março, foi decretado o fechamento das empresas por conta da covid-19.

Nosso modelo de negócio era baseado em cursos presenciais, com 95% da receita da empresa vindo dessa linha de produtos, apesar de todo o processo de venda ser digital. Os cursos on-line eram poucos e não éramos reconhecidos no mercado por esse tipo de atividade.

Na segunda quinzena de março, nossa receita caiu 98%. Ninguém queria comprar cursos, ainda mais no formato presencial. Foi aí, então, que precisamos nos desapegar do passado, olhar para o futuro e reconstruir a empresa com o que tínhamos naquele "agora".

Colocamos nosso foco em gerar valor para nossos clientes. Disponibilizamos todo o nosso conteúdo gratuitamente, fizemos centenas de aulas on-line e capacitamos, em dois meses, quase 200 mil pessoas através de um projeto chamado Re.StartSe. O nome tinha um significado importante: renascimento para a StartSe e conteúdos gratuitos para ajudar na reconstrução de carreiras e empresas que consumiam os cursos.

Em pouco tempo, passamos de uma empresa desconhecida no mercado de cursos on-line para um *case* de entrega, com NPS acima de 85 nas aulas gratuitas, o que nos credenciou para passar a vender produtos por meio dessa modalidade de ensino. Em menos de três meses, recolocamos a receita no patamar de antes, mas com o dobro de lucratividade, já que agora as entregas eram on-line. E definimos como meta ter 70% da nossa receita vinda de cursos on-line, em oposição dos 95% de cursos presenciais de antes.

Tudo isso só foi possível porque, como falei no início deste capítulo, somos uma máquina de experimentos. Testamos muitas coisas nesse período, mais do que em qualquer outro. E conseguimos achar uma alternativa, o que nos permitiu sair do destino "começo, meio e fim" para "começo, meio e recomeço".

Este foi o *framework* estratégico que desenhamos em março de 2020, nosso guia durante todo o período de pandemia e modelo usado para inspirar outras empresas que estão em busca do próprio ponto de virada:

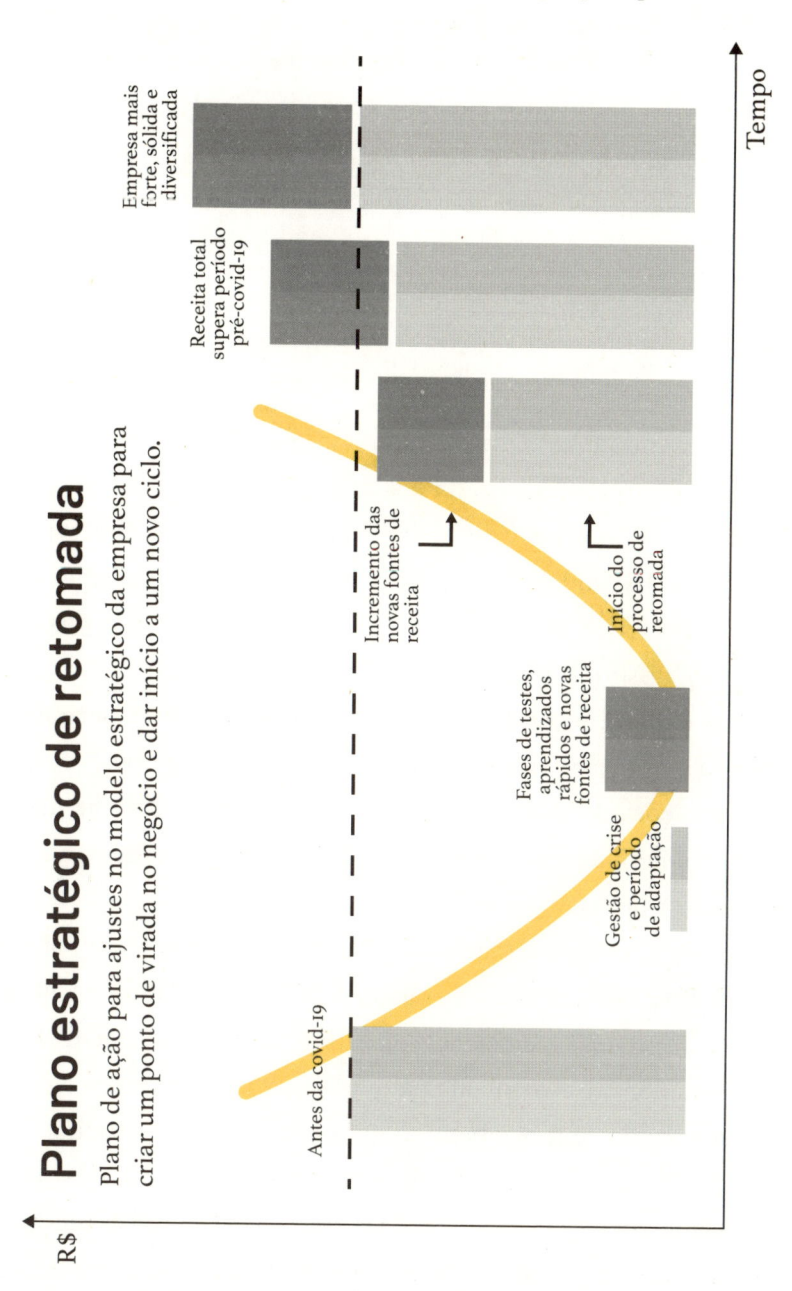

Plano estratégico de retomada

Plano de ação para ajustes no modelo estratégico da empresa para criar um ponto de virada no negócio e dar início a um novo ciclo.

- Antes da covid-19
- Gestão de crise e período de adaptação
- Fases de testes, aprendizados rápidos e novas fontes de receita
- Início do processo de retomada
- Incremento das novas fontes de receita
- Receita total supera período pré-covid-19
- Empresa mais forte, sólida e diversificada

Eixos: R$ / Tempo

# CAPÍTULO 18
O SISTEMA

Se o mundo fosse surpreendido por uma pandemia global, como deveria estar organizada a sua empresa? Pois bem, o evento já ocorreu, mas provavelmente outros incidentes imprevisíveis e de alto impacto ainda acontecerão na jornada de cada organização. Uma maneira para lidar com a incerteza parece ser a *antifragilidade*, criada por Nassim Taleb. Segundo ele, a antifragilidade "vai além da resiliência e da robustez. O resiliente resiste ao choque e permanece o mesmo; já o antifrágil fica melhor".[84] Essa condição parece ser favorável em situações de alta incerteza, pois "o robusto ou resiliente não é prejudicado nem ajudado pela volatilidade e pela desordem, enquanto o antifrágil se beneficia delas".

Para ser robusta e resiliente – e, no fim, antifrágil –, uma organização precisa ter um Sistema Operacional (SO) editável e ágil. Utilizamos a expressão Sistema Operacional como uma analogia ao sistema base do seu computador ou smartphone para lembrar que sua empresa também deveria ser rápida, segura, aberta e versátil para poder – imagine – rodar vários aplicativos e se conectar a diversos outros dispositivos. É como se a organização pudesse ser parametrizável para ser adaptável às mudanças – e também *nimble*, expressão em inglês que sugere velocidade com agilidade.

No racional das Organizações Minimamente Infinitas, selecionamos cinco códigos-fontes imprescindíveis para um Sistema Operacional editável e ágil:

- SO1 | Desenho organizacional.
- SO2 | Operação enxuta.
- SO3 | Organização ágil.
- SO4 | Arquiteturas e algoritmos.
- SO5 | Ecossistemas externos.

SO1 | DESENHO ORGANIZACIONAL

Os organogramas denunciam as empresas. Além de tentarem explicar a estrutura e a linha de comando, esses diagramas revelam muito sobre a cultura que a organização está tentando nutrir. O organograma é um tipo de mapa: útil, mas imperfeito. A realidade, cada vez mais complexa, tem exigido das empresas novas formas de desenhar e representar a sua organização.

Atribuída a Steve Jobs, a frase "a melhor inovação é, às vezes, a empresa – a maneira como você organiza a empresa" demonstra a importância e a dificuldade de encontrarmos um desenho organizacional eficaz. Mas, independentemente do desenho, sabemos que qualquer diagrama mudará com o tempo, pois não somos caixinhas, mas pessoas – e, portanto, únicas.

Existem muitos estudos e novos conceitos buscando o desenho da organização ideal. A holacracia, criada por Brian Robertson,[85] por exemplo, propõe jogar o jogo com um modelo de autoridade distribuída, com unidades autônomas, mas baseadas em um acordo, uma constituição – que define as regras e os processos para sua governança e operação.

Outro modelo é a *Distributed Autonomous Organization* (DAO),[86] ou Organização Autônoma Distribuída. As DAOs são organizações de propriedade total de seus membros, *tokenizada*, sem uma liderança ou controle central. Utilizando o poder do *blockchain* – a tecnologia por detrás das redes distribuídas e popularizada pelo Bitcoin –, as DAOs são organizações "sem centro". Seus membros podem votar em tudo democraticamente, e as informações são públicas e transparentes. Esse modelo, que ganha *momentum* para organizações de caridade e redes de *freelancers*, avança em outros tipos de negócios e já começa a ser aceito legalmente nos Estados Unidos.[87]

Projetar novas alternativas de design organizacional exige imaginar o futuro do trabalho e das profissões e, portanto, da sociedade como um todo. Estamos diante de uma provável nova onda de automação trazida pela Inteligência Artificial, na qual as tarefas e capacidades antes exclusivas dos seres humanos poderão ser realizadas por máquinas de maneira mais rápida, barata, eficiente e possivelmente mais segura. As Organizações Infinitas sabem que elas existem para que pessoas consigam criar valor para outras, e a valorização e o respeito ao ser humano e à natureza são soberanos. Elas entendem que tecnologias são apenas ferramentas que devem ser utilizadas para criar soluções para melhorar a vida de todas as pessoas. A Inteligência Artificial vai tirar o trabalho de um médico? Não. Mas um médico que entende e sabe utilizar essa tecnologia vai ter mais chances de tirar o trabalho de outro médico.

Uma das melhores pesquisas e análises feitas sobre design organizacional foi realizada pelo autor Frederic Laloux e compilada em seu livro *Reinventando as organizações*.[88] Segundo ele, o que motivou sua pesquisa foi a constatação de que a atual maneira de gerirmos as organizações está chegando ao seu limite e as práticas tradicionais estão se tornando mais parte do problema do que da solução.

Laloux utiliza cores para descrever cinco tipos de organizações (ou paradigmas) que refletem como víamos (ou vemos) o mundo em determinadas épocas. As cores e suas respectivas características nos convidam a refletir sobre as nossas empresas e como elas deveriam se redesenhar para aspirar o infinito.

- **Vermelha:** paradigma da matilha de lobos em torno de um macho-alfa. Apresenta um líder forte que inspira medo e o ambiente é sempre tenso, pois os outros querem tomar o poder do líder. Isso nos faz pensar em estruturas como gangues e máfias.
- **Âmbar:** hierarquia estática, com várias camadas hierárquicas e uma clara linha de comando. Permite fazer planos para o médio e o longo prazos. Funciona em estilo "comando e controle": manda quem pode e obedece quem tem juízo. Apresenta organização de processos e papéis bem definidos. As referências talvez poderiam ser a Igreja católica, o Exército romano e o que resultou na Grande Muralha da China.
- **Laranja:** paradigma da hierarquia, mas com alguns graus de liberdade. Apresenta noção de projetos e processos, além de inovação, responsabilidade e meritocracia. As organizações são analogias de máquinas, utilizam muitos jargões de engenharia, e existe uma voz solta no ar que repete: "Traga resultados, não me interessa como". Aqui talvez esteja a maioria das modernas corporações globais.
- **Verde:** paradigma da família, sensibilidade com o ser humano. Lembra uma pirâmide invertida pela mentalidade de um CEO como liderança servidora. Este modelo enfrenta as velhas estruturas e busca transferir a tomada de decisões para as pontas. Surgem as avaliações 360º, e, embora estratégia e execução sejam prioridades, a cultura é soberana. Encontramos exemplos desse tipo em empresas modernas muito centradas na própria cultura.

- **Verde-azulada (*teal*):** autoridade distribuída. Autenticidade, integridade e propósito são marcantes, assim como a liberdade com responsabilidade. As referências aqui seriam esses modelos baseados em holacracia, DAOs e organizações antifrágeis.

Cada empresa tem a sua história e está inserida em um diferente contexto e estilo de liderança. Observando e convivendo com tantas empresas, teorizando e praticando gestão, a maioria de nós já aprendeu que podemos fazer qualquer desenho organizacional e pintá-lo de qualquer cor, mas, no fim, a cultura engole tudo.

As Organizações Infinitas têm um senso apurado para saber quando é tempo de perseverar e quando é tempo de mudar seu desenho organizacional, sempre se desafiando a enfrentar os novos paradigmas.

http://organizacoesinfinitas.com.br/so1

SO2 | OPERAÇÃO ENXUTA

Basta você abrir as suas gavetas para perceber que temos tendência a sermos acumuladores. As organizações, como reflexo, também. Tendem a acumular estruturas, processos e controles – que por vezes acabam apenas alimentando o "pequeno poder" ou servindo aos donos desses controles. Em certos casos, a burocracia prejudica tanto que a empresa não consegue mais funcionar direito, é lenta para mudar, perde competitividade. O fim da história nós sabemos: ninguém quer comprar dela e ninguém mais quer trabalhar lá. <u>Uma Organização Infinita precisa ser simples, enxuta, consistente e ágil. Para isso, ela precisa lutar contra o monstro da acumulação.</u>

A Toyota é a empresa mais lembrada quando pensamos no modelo "enxuto" – o *lean*. Seu sistema de produção *Toyota Production System* (TPS) se tornou uma referência global, assim como sua cultura de *"lean thinkers"*, pessoas que sabem pensar assim. Se a Toyota tivesse se tornado uma escola da nova economia, talvez pudesse ser ainda maior do que é hoje.

O pensamento e as técnicas *lean* influenciaram inicialmente empresas de manufatura, e depois impactaram todas as outras. Foi uma inspiração para Eric Ries escrever *A startup enxuta*. Segundo Ries, a melhor recomendação do pensamento *lean* é *"genchi genbutsu"*, ou *"gemba"*, que significa "veja você mesmo". É a dica do vá lá você mesmo, veja com seus próprios olhos onde a coisa acontece, onde o valor é criado, onde fazemos as coisas, onde o cliente usa nosso valor.

No fim, o termo "enxuto" pode representar muitas coisas, mas os dois usos mais populares em gestão são: de um lado, um sistema de produção enxuto, com o arsenal de recursos do *Lean Six Sigma*, método que busca eliminar a variabilidade e aumentar a qualidade e eficiência de uma operação; e, do outro, o modelo de desenvolvimento de novos produtos e novos negócios, o *Lean Startup*, que contraditoriamente precisa dessa variabilidade nos ciclos curtos de experimentação. Necessitamos de ambos, mas um risco evidente é utilizar um deles quando o ideal seria utilizar o outro, como usar ferramentas de melhoria de qualidade com a intenção de transformar, *disruptar* ou inovar radicalmente. Ficar preso a planos e certezas absolutas é o risco levantado pelo inglês Paul Graham, fundador da Y Combinator, possivelmente a aceleradora de startups mais reconhecida do mundo. Ele nos alerta para não cairmos na tentação da "otimização prematura".[89]

Uma operação enxuta exige pensar com os dois lados do cérebro. Se você passear pela sua empresa, tente perceber duas situações: o que está desorganizado e falta organizar e o que está organizado demais e é preciso desorganizar. Esse é o pensamento ambidestro que nos auxilia a reorganizar e redesenhar organizações ao mesmo tempo que nos ajuda a combater os excessos.

O pensamento enxuto precisa chegar até o cliente. A Lemonade, por exemplo, é uma ex-startup insurgente do mercado de seguros – pois ela já fez seu IPO. Uma das suas iniciativas é a Apólice 2.0, uma "apólice de seguros radicalmente simplificada".[90] No modelo *open-source*, no qual todos podem contribuir e do qual todos podem se beneficiar, a iniciativa torna simples e transparente os complexos contratos. É um exemplo para entendermos como o pensamento da organização enxuta alcança o seu cliente.

As Organizações Infinitas não complicam demais as coisas. Elas são humildes o suficiente para reconhecer que é sempre possível fazer diferente, mais simples do que como se faz hoje, e estão sempre a serviço do seu propósito.

http://organizacoesinfinitas.com.br/so2

SO3 | ORGANIZAÇÃO ÁGIL

Os métodos ágeis, como qualquer outro método de gestão, têm as suas forças e as suas fraquezas. Embora os métodos sejam falíveis, acreditamos que o conceito fortalece a visão do infinito. "Times ágeis, pequenos e autônomos são mais felizes, mais rápidos e mais bem-sucedidos, mas também exigem mais coordenação e ciclos de planejamento e financiamento mais frequentes. As equipes ágeis eliminam camadas de hierarquia, porém menos camadas significam menos mudanças de títulos e promoções menos frequentes." [91] Ou seja, o pensamento ágil confronta os desenhos organizacionais tradicionais e os acumuladores corporativos. Os modelos mentais do *agile*, *lean* e startup convergem e potencializam as Organizações Infinitas.

A saga em busca da eficiência e da agilidade tem produzido muitos aprendizados no mercado. A Amazon tornou popular os seus "times duas pizzas". A ideia do *Two Pizza Team Leader* (2PTL) é liderar uma estrutura de times pequenos, multidisciplinares, autônomos, autofinanciáveis e que tenham o próprio "*business owner*" – o dono da coisa. As duas pizzas, no fim, devem ser suficientes para alimentar o time inteiro.

Infelizmente, vários times exigem muita coordenação e alta comunicação, e isso tende à confusão. Por isso, o modelo da Amazon parece ter evoluído do 2PTL para o *Single-Threaded Leader* (STL), conforme descrito por ex-executivos que viveram os primeiros anos da empresa.[92] Eles lembram "que a melhor maneira de falhar ao tentar inventar algo novo é fazer disso o trabalho *part-time* de alguém"; portanto, é necessário ter um líder dedicado *full-time*. Isso é fundamental, mas não é suficiente. Os times precisam ter autonomia para fazer a coisa acontecer sem precisar de aprovações, coordenações e conexões com outros times.

As Organizações Infinitas sabem que é necessário ser ágil, e que isso não é apenas um método, mas uma maneira de pensar e agir.

http://organizacoesinfinitas.com.br/so3

S04 | ARQUITETURAS E ALGORITMOS

A evolução dos softwares pode ser percebida em ondas. Na primeira, vieram os *mainframes*, seguidos pelos minicomputadores, *workstations* e PCs, e o software era vendido em caixinhas, separadamente. Na segunda onda, o software virou um serviço – *Software as a Service* (SaaS) – e acabou se transformando no tsunami *cloud computing*. A computação de nuvem transformou o modelo de negócio do software e tornou sua compra e entrega mais fácil. Essa facilidade acelerou o *flywheel* das inovações e mudanças em todos os setores da economia. Partes dessa breve história foram lembradas por Jeff Lawson, CEO da Twilio, uma empresa de tecnologia negociada em bolsa que vale dezenas de bilhões de dólares e que provavelmente você não conhece, mas os seus desenvolvedores, sim.[93]

Lawson propõe que a terceira onda, baseada em microsserviços e APIs, está criando uma incrível *"digital supply chain"*, uma cadeia de fornecimento digital, que permite que as empresas construam o próprio software, combinando e ligando pedaços de código, e de maneira muito mais barata e rápida. A questão não é que as empresas agora *podem* fazer isso, e sim que elas **devem** fazer isso. A recomendação é clara: se você está fazendo algo que o coloca frente a frente com seu cliente, precisa criar o seu software, não o comprar de outra empresa.

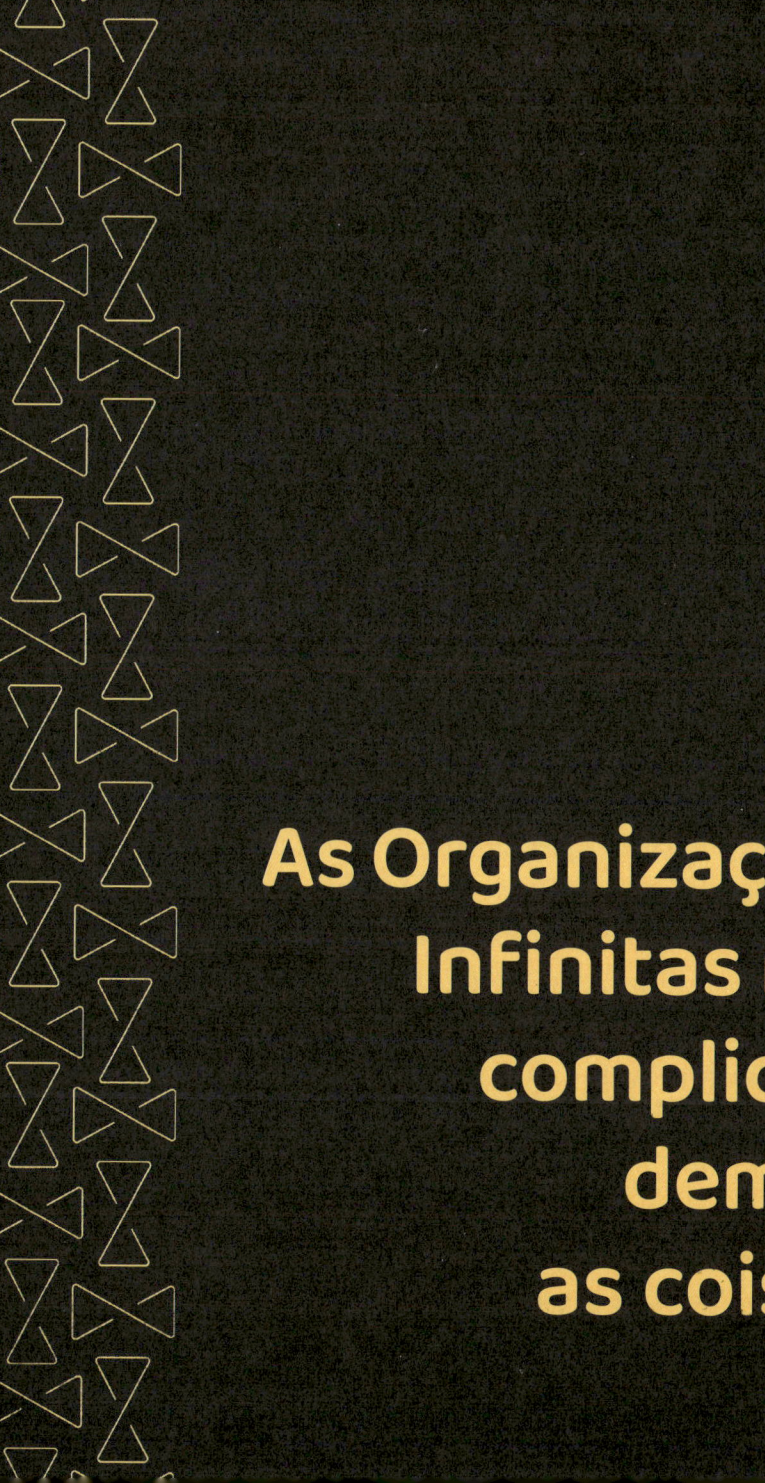

As Organizações Infinitas não complicam demais as coisas.

As empresas não devem comprar diferenciais, mas precisam construir seus diferenciais. "*Built it or die!*", ou "crie ou morra", sentencia ele.

Falando em ondas de software, arrisco dizer que já é possível detectar sinais de uma quarta onda no horizonte. Se "o software vai engolir o mundo", então a Inteligência Artificial (IA) poderá engolir o software – e, com isso, o mundo. "Software 2.0" é a expressão utilizada para descrever situações em que as pessoas não mais *codam* (programam os computadores), pois quem faz isso é um algoritmo de Inteligência Artificial. Como disse Vitalik Buterin, criador da criptomoeda Ethereum: "Eu consigo ver facilmente o trabalho nos próximos dez, vinte anos mudando o seu fluxo: os humanos vão descrever o que querem, a IA vai construir, e os humanos vão revisar (debugar)".[94] E é por essas e outras que precisamos reaprender o valor dos dados, pois são eles que alimentam os algoritmos de IA. O movimento *No Code*, em que a tecnologia permite que você crie soluções digitais sem conhecer como *codar* com linguagens de programação, parece ser a nova revolução dentro da revolução das startups, e vai *baratear* ainda mais o custo dos experimentos, aumentando o ritmo da inovação em todas as empresas.

As Organizações Infinitas, como já dissemos, não temem a tecnologia. Elas estimulam todos na empresa a serem curiosos, a investigar, a testar, a experimentar, a fazer bom uso da tecnologia ou até criar novas. Para que isso aconteça, precisam proporcionar um ambiente no qual a inovação possa florescer; portanto, é fundamental ter uma arquitetura tecnológica que seja conhecida e compreendida por todos, com diagramas tão populares como os da arquitetura de pessoal – o organograma, na falta de uma palavra melhor. Criar uma cultura tecnológica e digital ajuda na antifragilidade e permite lidar com três desafios de prioridade:

- **O primeiro é decidir ter foco nas tecnologias tipo D ou nas tipo W.** As tecnologias tipo D são as mais "disruptivas", aquelas mais incríveis, desconhecidas, complexas de entender, que parecem sair de um filme de ficção científica. Elas precisam ser entendidas, monitoras e experimentadas, pois podem acabar gerando inovações de grande impacto que aceleram obsolescências de negócios e setores. As tecnologias tipo W são as mais "*withered*", aquelas mais maduras, populares, difundidas, já tão presentes em nossas vidas que nem as percebemos como tecnologias. Para usar as tecnologias mais comuns, precisamos de pensamentos incomuns. Foi o que demonstrou Gunpei Yokoi, que ajudou a reinventar a Nintendo diversas vezes, quando cunhou a expressão "*Lateral thinking with withered technology*" – em tradução livre, "pensamento lateral com tecnologia habitual".[95] A lição é que devemos utilizar essas tecnologias existentes para criar coisas incríveis, mas, para isso, é preciso ser criativo e identificar o que não é óbvio. As organizações inovadoras que querem construir o infinito utilizam pensamento lateral para explorar tanto as tecnologias tipo D como as tipo W.

- **O segundo é o conflito de prioridade entre o sistema-cliente e o sistema-gerente.** Todas as áreas das empresas demandam mais software do que as áreas de tecnologia conseguem produzir, e a causa disso pode estar no desenho organizacional pouco ágil ou na falta da mentalidade *code-everywhere* – que defende que todo mundo na empresa deveria ser *tech*. Quanto a essas demandas, existe uma tendência dominante de serem mais *competition-centric* do que *customer-centric*. Isso significa que a empresa está sempre colocando mais esforços em produzir software para seus processos e controles e facilitar a vida dos gerentes, enquanto deveria colocar muito mais energia para criar experiências e utilidades para os seus clientes. As organizações interessadas no infinito sabem que quem só olha para o concorrente acaba se esquecendo do cliente – e isso é culpa do gerente. A prioridade deve ser construir software para os clientes, e assim ficará mais claro qual software será necessário para o gerente.

- **O terceiro paradigma é o equilíbrio entre *standard-law* e *freedom-awe*.** As empresas, quando crescem, precisam garantir segurança e conformidade e, para isso, definem padrões tecnológicos para impedir usos indevidos, vazamento de informações e outras *cyber crisis*. Elas criam regras, quase leis, que impedem e punem o uso de qualquer tecnologia que não seja padronizada – o que aqui apelidamos de *standard-law*. Em alguns momentos, entretanto, essa obsessão pelo padrão pode se tornar um grande inibidor da inovação, como se o objetivo final fosse a lei, não a justiça que se deseja alcançar. Os agentes de transformação da empresa acabam reféns do temor da liberdade – que apelidamos de *freedom-awe*. Muitas novas tecnologias estão surgindo a cada dia, de microsserviços a novas plataformas, de ferramentas *No Code* a novos fornecedores de tecnologia no *digital supply chain*, mas, como a lei não permite o que está fora do padrão – e alterá-la é um processo lento –, os agentes da inovação se resignam ou se tornam "foras da lei". Alguns acabam deixando a empresa buscando liberdade para inovar em outros lugares. Portanto, as organizações que almejam o infinito sabem que os riscos da cibersegurança estarão cada vez mais presentes, mas, ao mesmo tempo, elas entendem que equilibrar o *standard-law* e o *freedom-awe* é uma necessidade – e essa é uma sinuca de bico.

As Organizações Infinitas produzem e se alimentam de software. Elas engolem o software, e não são engolidas por ele. E é diante desses paradigmas de tecnologias, arquiteturas e algoritmos que o pensamento ambidestro faz toda a diferença.

http://organizacoesinfinitas.com.br/so4

SO5 | ECOSSISTEMAS EXTERNOS

As inovações nas empresas sempre estiveram associadas à área de Pesquisa & Desenvolvimento (P&D), mas nem todos os negócios decidem ou podem ter um P&D. Dependendo do tipo de negócio ou do histórico de sucesso, a temática de inovação parece brotar com mais força em alguma áreas – ou do pessoal do marketing, que é criativo e orientado a vendas; ou da engenharia, capaz de criar produtos incríveis; ou da produção, capaz de revolucionar métodos; ou até da estratégia, capaz de fazer grandes movimentos. Para terem ganhos de eficiência incrementais (*melhoração*) e simultaneamente promoverem transformações (*inovação*), as empresas precisam que esse espírito empreendedor brote em todas as suas áreas internas, mas que transborde os muros da própria empresa.

Por anos, as empresas vêm buscando estabelecer relacionamentos com as universidades e buscando linhas de fomento do governo para conseguir inovar. Mas, como é o ecossistema de startups que mais tem demonstrado capacidade de inovar e transformar mercados, vamos nos ater a ele. Na StartSe, criamos dois modelos para nos ajudar a entender *se* e *como* uma empresa poderia se conectar ao ecossistema de startups. Chamamos um de Estratégia do Rei e o outro de Cinco Verbos.

A **Estratégia do Rei** provoca os empresários e executivos a responder a duas perguntas que resultam em quatro quadrantes. A pergunta 1: você acha que em dez anos o mercado em que a sua empresa atua vai mudar muito ou pouco? A pergunta 2: você acha que em dez anos a sua empresa vai competir mais com novos entrantes insurgentes ou com os mesmos concorrentes incumbentes com que está competindo hoje? Pronto, respondendo a essas duas perguntas, você pode localizar qual das quatro posições estratégicas é mais recomendada para o seu "rei":

- **O Desbravador, o Rei da Conquista:** caso a empresa esteja no quadrante das muitas mudanças no mercado e a competição seja com insurgentes (tipicamente as startups), ela deve ter a inovação como competência central. Sua arma secreta deve ser conseguir inovar como as startups (i.e., experimentação enxuta), mas também com as startups. O rei deve ter alma de startupeiro e ser *startup-friendly* – amigo do ecossistema de startups.

- **O Lutador, o Rei da Guerra:** caso a empresa perceba diversas mudanças no mercado, mas a competição tenda a ser com os atuais concorrentes, sua competência central deve ser a agilidade – e saber brigar. A arma secreta é foco total nos seus clientes (os seus súditos, para não perder a metáfora) e a capacidade de promover ciclos de refundação. Estrategicamente, isso é equivalente a responder: se você pudesse começar o seu negócio do zero, sem legado ou compromisso nenhum, o que faria? O rei deve ser capaz de promover "reformas" durante o seu reinado.

- **O Negociador, o Rei do Castelo:** caso a empresa perceba que as mudanças não serão tão intensas, mas – estranhamente – muitos novos insurgentes (startups) vão disputar a atenção dos seus clientes, ela precisa ser competente em *antiguerrilha*, ou seja, saber cavar fossos e levantar muros para proteger as suas posições estratégicas. Sua arma secreta deve ser a contraespionagem e, sabendo o que ocorre no campo dos insurgentes, o rei deve ser bom em estabelecer "acordos insólitos" e criar alianças surpreendentes que mudem o rumo da história.

- **O Observador, o Rei da Paz (ou o Rei do Trono):** caso a empresa não perceba mudanças no mercado e preveja que continuará lutando com os atuais concorrentes, sua competência central deve ser a eficiência e os ciclos de melhoria do seu planejamento-comando-controle. A arma secreta precisa ser a prontidão para lutar contra a vaidade da corte do rei e para se mobilizar rapidamente para incorporar um novo negócio emergente, caso perceba que estava no quadrante errado. Pois então, o risco é o rei se sentir confortável no seu trono e não perceber as mudanças no mercado e na concorrência.

Essas analogias podem ajudá-lo a refletir estrategicamente sobre o seu negócio e o quanto as startups podem se tornar ameaças ou oportunidades. Para as empresas que decidem que deveriam estar mais próximas do ecossistema de startups, criamos o *framework* dos **Cinco Verbos**, com vários conceitos e ferramentas. São infinitas as maneiras que uma empresa pode conectar-se ao ecossistema startupeiro, mas há cinco verbos que ajudam a definir um caminho:

- **Criar startups:** estamos falando de conexão com startups *early-stage* (aquelas nos estágios mais iniciais). A empresa vai tentar criar as suas startups do zero – ou cocriar usando empreendedores ou agentes externos. Esse verbo associa-se a promover *hackathons* e criar laboratórios de inovação.

- **Acelerar startups:** estamos agora falando de startups *mid-stage* (aquelas que já evoluíram um pouco e que possuem um time e um produto mínimo). A empresa pode acelerar startups através de ativos que ela possui, como sua experiência de mercado, mentorias, dados, clientes ou ambiente para experimentação e aprendizado rápidos. Esse verbo relaciona-se a criar ou se conectar a aceleradoras de startups e se fazer muito presente nos *hubs* de inovação para que as boas startups se identifiquem com a empresa (*startup-friendly*).

- **Contratar startups:** estamos falando agora de startups já *late-stage* (aquelas que já estão consolidadas, com produtos estáveis e possivelmente com clientes utilizando sua solução). A empresa nesse cenário atua como um cliente-anjo e promove a procura e seleção de startups para experimentos. Esse verbo fomenta a ideia de um novo programa de desenvolvimento de fornecedores, pois precisa endereçar um novo e diferente tipo de fornecedor (startup), o que exige adaptar muitos dos processos e critérios de seleção.

- **Investir em startups:** estamos falando de a empresa investir em startups no estilo *venture capital,* o que tende a combinar com startups mais *early* ou *mid-stage*. Esse verbo exige que a empresa desenvolva competências diversas e tenha sabedoria para ser minoritária, o que é difícil na cultura de várias empresas. A mentalidade aqui é de *smart money*, deve-se saber que o capital não é a coisa mais importante que a empresa oferece para a startup.

- **Adquirir startups:** a empresa adquiri startups no estilo *merge & acquisition* (fusão e aquisição), o que tende a combinar com startups de *mid* para *late-stage*. Porém, tudo depende do contexto, pois uma empresa pode estar fazendo movimento estratégico e decidir adquirir uma startup *early-stage* a fim trazer o time de empreendedores, que é muito especial, prática que o mercado chama de "*acqui-hiring*". Esse verbo exige que a empresa tenha muitas competências, mas a principal é não impor as suas verdades absolutas e acabar matando a startup, o que é mais comum do que se imagina. A mentalidade deve ser *smart integration* para explorar o máximo das sinergias.

As Organizações Infinitas se permitem explorar novos ecossistemas e, portanto, desvendar novos conhecimentos e formas de fazer as coisas. O segredo para isso não está nos ecossistemas lá fora, mas dentro da empresa, na cabeça do rei.

http://organizacoesinfinitas.com.br/so5

PARTE 7

CULTURAS

> **"** Cultura é o seu sistema operacional. **"**
> **TERENCE MCKENNA**

CAPÍTULO 19
CULTURAS INFINITAS

A REFORMA E A BAGUNÇA

Não existe "viver para sempre" sem "mudar para sempre". A transformação contínua tornou-se um grande imperativo para a perpetuidade, na qual a inovação é vista como uma das principais manifestações. O maior dilema é que, embora muitos negócios almejem desenvolver esse "espírito das garagens", poucos estão realmente dispostos a deixar seus carros dormindo na rua. Não há espaço suficiente, mas não querem correr o risco de o carro ser roubado.

O "fazer fora da caixa" é uma arte bem diferente do que o tradicional "pensar fora da caixa". Abre-se mão da segurança, da ordem e do conhecido para conviver com as ferramentas espalhadas pelo chão, na tentativa de construir um futuro diferente – veja bem, na tentativa. Não existe garantia de que no fim tudo dará perfeitamente certo, e é isso o que incomoda as empresas presas no passado. É o risco do resultado desconhecido que dói tanto na alma dos "encaixotados". O risco do "e se" tem muito mais peso psicológico do que o encanto do "imagine quando".

O fato é que é muito difícil fazer uma boa reforma sem fazer uma grande bagunça. A jornada pela perpetuidade implica conviver com sua casa em obra todos os dias, e sempre há o risco de algo não ficar perfeito ou, pelo menos, ficar um pouco diferente do esperado.

Nas Organizações Infinitas, o processo de transformação contínua é parecido com o adotado na restauração de grandes museus. Um museu famoso nunca está 100% aberto e nunca está 100% fechado. Existe sempre uma pequena área em reforma sendo atualizada. Grandes museus estão sempre abertos para visitação, mesmo estando fechados para reforma. Por isso, parecem sempre atuais e nunca perdem sua atratividade.

A PISTOLA DE ÁGUA

Na última década, muitas empresas sumiram porque ficaram travadas, bloqueadas na agonia da impotência em que tudo pode acontecer, mas nada é realmente feito. Sabiam que estavam cercadas por grandes riscos ou grandes oportunidades, mas simplesmente não conseguiram reagir. Tinham liderança, recursos, acesso aos mercados, mas simplesmente perderam, não transformando seus negócios.

Em sua grande maioria, o problema da disrupção não é o problema em si, mas a atitude em relação a ele. A lógica da transformação corporativa é essencialmente humana, depende de pessoas, suas habilidades e suas vontades dirigidas ao objetivo. E isso não é tarefa simples.

Empresas são, talvez, o mais complexo e audacioso dos nossos experimentos como sociedade. Seres humanos de origens diferentes, sem relação parental, que não têm afinidade prévia, são colocados em convívio intenso e precisam encontrar formas de colaborar para dirigir um negócio que não é deles. Isso por si só já não é trivial. Agora, imagine colocar esse grupo de pessoas para decidir "tomar risco" em nome da perpetuidade de um negócio do qual, muito provavelmente, não farão mais parte cedo ou tarde. O mais fácil – e mais comum – é ganhar algum tempo se escondendo no meio da confusão. O instinto de sobrevivência individual é inversamente proporcional à capacidade de sobrevivência do empreendimento coletivo que depende de transformação.

Ironicamente, em um mundo dominado pela tecnologia, empresas dependem cada vez mais dos cérebros humanos. Seu engajamento é a força motriz da adaptabilidade e da capacidade para gerar novas condições de sucesso. Inconformismo, criatividade e poder de influência têm o poder de levar uma empresa para a perpetuidade. Lutar em uma batalha de transformação sem pessoas engajadas é como lutar em uma guerra de verdade com pistolas de água. Quando a primeira bomba estoura do seu lado, você percebe quanto está despreparado.

Esse é o grande motivo pelo qual, nas Organizações Infinitas, a obsessão se moveu do investimento em grandes parques fabris para a formação de uma grande "máquina de cérebros". Os funcionários passaram a ser vistos como "talentos", e a cultura corporativa ganha força magnética para sua atração. Orgulho e sensação de pertencimento são cultivados todos os dias, criando engajamento e motivações necessários para a sobrevivência do "bem maior". Uma construção diária que busca a transcendência da clássica relação entre empregador e mão de obra.

<u>Mais do que líderes protagonistas que coordenam grandes departamentos, as Organizações Infinitas cultivam o sentimento de que todos são donos da empresa e, por isso, são responsáveis igualmente pelo seu sucesso e perenidade.</u> A dor de dono é maior, a preocupação e a responsabilidade também. Todos perdem o sono juntos para encontrar soluções e, quando os resultados são atingidos, são celebrados e divididos entre todos. Nada mais poderoso do que partilhar coletivamente o sucesso das batalhas vencidas.

Empresas do passado alocavam seus melhores funcionários ao redor dos seus maiores problemas. Tomavam o tempo de pessoas para tentar resolver grandes nós históricos, tornando-as reféns de um passado insistentemente presente. As Organizações Infinitas, por outro lado, movem seus talentos de maneira flexível, em que ninguém é tratado como propriedade de uma área específica, mas como "talento líquido" alocado de acordo com suas competências ao redor das maiores oportunidades. Isso garante que os melhores cérebros estejam sempre focados em garantir a perpetuidade.

OS ERRANTES

O erro sempre foi um grande tabu dentro das empresas. Sob o paradigma da perfeição absoluta, um erro era fruto do desleixo, da desorganização ou do desperdício. Sob a lógica clássica do controle, o erro era o desvio a ser combatido, precisava ser extirpado do sistema e seus responsáveis deviam ser advertidos ou punidos. Para os funcionários, isso sempre foi entendido em um axioma bem simples: errar é arriscar o emprego – ou seja, não erre.

Impossível negar que essa ideia está grudada em muitos de nós como piche. Ela é viscosa e custa a sair. Torna-nos pegajosos, contaminando a todos que nos tocam. São grossas camadas acumuladas ao longo de anos de experiência sempre tratando o erro da mesma forma que uma barata em uma cozinha. Primeiro, com pânico e, depois, com nojo. Erros nos assustam e precisam ser eliminados.

É certo que o mundo mudou muito, mas, por óbvio, os erros operacionais dentro das empresas continuam prejudiciais. A eficiência é importante e deve ser protegida, já que é elemento-chave para financiar a inovação e a atração de talentos. Porém, para as Organizações Infinitas, existe uma nova categoria de erro: o erro do experimento.

É uma lógica importada do mundo dos cientistas, em que realizar algo inovador está ligado indissociavelmente às tentativas e falhas ao longo do processo. Dentro dessa dinâmica, somente uma sequência de pequenos erros pode levar a um grande acerto.

O caminho para o acerto é pavimentado com os ladrilhos das falhas. Nessa jornada, aprendizado e erro são faces da mesma moeda. Quanto mais se erra, mais se aprende, e isso leva a um resultado superior. Falhas inteligentes são mais importantes do que acertos cegos.

Não estamos falando, portanto, do erro descompromissado, mas do compromisso com o erro. Não é o erro com consequências negativas, mas com positivas. Uma diferença sutil, porém muito poderosa. Um fluxo constante da busca pelo novo que nunca seca, pois não é interrompido por punições ou por medo. É, portanto, a seiva que alimenta a árvore eterna. A garantia de que a empresa viverá para sempre, porque está sempre sendo nutrida com a experimentação constante.

A etimologia da palavra "erro" vem do latim *errare*, que carrega o sentido de andar sem destino, de perder-se. Dela, origina-se a palavra "errante". Os errantes vagam por aí, sem saber para onde vão. Um eterno gerúndio não realizado. Errar é simplesmente o ato de não chegar a lugar nenhum. Ironicamente, nesse novo paradigma, o erro passa a ser o processo necessário para que você encontre uma solução. Errar é, agora, chegar a algum lugar. Errantes não são mais os que vagam perpetuamente sem direção, mas os que encontram seu destino rumo à perpetuidade.

CAPÍTULO 20
INFINITAS CULTURAS

As empresas vencedoras de hoje entenderam que a transformação contínua é a chave para abrir as portas do infinito. Aquela máxima de que "fazer as mesmas coisas gera os mesmos resultados" nunca foi tão verdadeira. Quer resultados diferentes? Abra-se para o novo!

Uma leitura muito interessante é a biografia de Phil Knight, em que ele narra a construção da Blue Ribbon Sports, depois rebatizada de Nike. A primeira página do livro *A marca da vitória*[96] é dedicada à epígrafe "Há muitas possibilidades na mente do principiante, mas poucas na do perito", proferida por Shunryu Suzuki, um japonês que se mudou para os Estados Unidos e se tornou uma das maiores referências do pensamento zen.

PRINCIPIANTES E PERITOS

Até pouco tempo atrás, as empresas eram lideradas por "peritos", pessoas que fizeram tantas vezes determinada coisa, da mesma forma, que extraíram o máximo resultado possível. A regra era apenas repetir aquela fórmula e tudo continuaria funcionando, uma vez que o ambiente externo não se alterava significativamente.

Era bom ser um perito, um especialista, um repetidor de boas práticas. Porém, como já falamos neste livro, o jogo agora é outro. Por isso a frase de Shunryu é tão apropriada. A mente de um principiante está aberta a novos e constantes aprendizados. Um bom aprendiz é, por natureza, um ótimo observador. Ele não exclui nenhuma possibilidade e experimenta até mesmo as mais controversas.

Nas empresas com um modelo de gestão tradicional, é difícil que isso aconteça. O fluxo normal é do ponto A para o ponto B, e não se aceita, em hipótese alguma, que passar pelo ponto C possa encurtar o caminho. Mas não é assim que funcionam as empresas da nova economia.

Isso não se conquista apenas com uma mudança de atitude. Esse é o primeiro passo, óbvio, mas está longe de ser o único. Uma empresa com "mente de principiante" precisa criar o ambiente propício para que todas as possibilidades sejam postas à mesa. E isso só se conquista, primeiro, quando há diversidade.

DIVERSIDADE TRANSFORMADORA

Diversidade de gênero, de cor, de crença, de idade, de nacionalidade e de pensamento. A diversidade gera divergência, e, para convergir, é importante que antes haja a discordância, a discussão, o debate. "Toda unanimidade é burra", já alertava Nelson Rodrigues. Porque, na unanimidade, os indivíduos são incentivados a não pensar.

Se o objetivo é criar uma cultura de transformação contínua, é preciso permitir que hoje sejamos do azul e amanhã, do rosa. E que, depois de amanhã, sejamos uma mistura indivisível do azul com o rosa. A Rappi, startup de logística fundada na Colômbia e que tem o Brasil como seu maior mercado, nasceu como uma empresa de entregas via motoboys. Hoje, é também um banco digital. Antes disso já tinha lançado o Rappi Entertainment e anunciado para breve o Rappi Music.

A Honda, uma das maiores fabricantes de automóveis e motocicletas do mundo, é hoje a maior vendedora de jatos leves do planeta. A empresa japonesa entendeu que sua principal geração de valor não é um carro mais bonito, uma moto mais rápida ou um avião luxuoso. Sua máxima geração de valor é garantir às pessoas uma jornada confortável e segura.

Quase o mesmo que aconteceu com a Uber. Primeiro, o aplicativo garantia o transporte de passageiros por meio de carros. Depois, começou a fazer isso por bicicletas. Depois, via patinetes. E continuou com barcos, helicópteros e até tuk-tuks. Rapidamente a empresa entendeu que não importa a forma, o que vale mesmo é o valor que se entrega ao cliente. Isso só se consegue por meio de uma cultura de transformação contínua, que não se prende ao como, mas ao porquê.

A "mente de principiante", citada pelo fundador da Nike em sua biografia, também pode ser interpretada como "a mentalidade do Dia 1", citada tantas vezes por Jeff Bezos, que afirma que você precisa agir intensamente, o tempo todo, como se fosse o primeiro dia da empresa. Só assim poderá se concentrar em entregar aos clientes aquilo que nem eles mesmos sabem que desejam.

CLIENTES ETERNAMENTE INSATISFEITOS

A ideia de Bezos é que os clientes estarão sempre insatisfeitos com a experiência que estão tendo, mesmo que as avaliações e os negócios estejam indo bem. Essa "insatisfação" apenas não foi exposta porque os consumidores não experimentaram algo melhor. Quando o fizerem, na Amazon ou em algum concorrente, ela virá à tona.

A diversidade gera divergência, e, para convergir, é importante que antes haja a discordância, a discussão, o debate.

Para se antecipar a isso – ou criar esse momento –, é preciso trabalhar como se fosse o primeiro dia da empresa, no qual todas as possibilidades estão na mesa, é possível correr riscos sem pensar nas consequências, e inovar é uma obrigação, não um desejo ou uma possibilidade.

"É mais fácil desviar das pedras um barquinho do que um transatlântico", me disse uma vez um executivo de um imenso grupo de mídia brasileiro. Obviamente, mudanças bruscas no rumo dos negócios da Amazon em 1995 não causariam qualquer impacto. Era uma empresa recém-criada. Mas mudar radicalmente uma empresa trilionária é desafiador.

Só se faz isso com a coragem necessária para admitir que mudar rapidamente de direção é tão arriscado quanto seguir com o leme fixo rumo ao iceberg, torcendo para que o impacto não afunde o navio.

As startups, de modo geral, nascem com essa característica. Como a imensa maioria delas nasce sem dinheiro, mudar de direção rapidamente é questão de sobrevivência. Quando conseguem manter essa característica no seu DNA, certamente têm mais chances de criar novos ciclos de perpetuidade no futuro, quando se tornarem grandes corporações.

Essa característica de transformação contínua é mais um traço cultural do que algo que se decide fazer. Quando isso está intrínseco na companhia, abre-se a possibilidade da adoção de um modelo de gestão por contexto, que substitui o tradicional modelo de gestão por controle. Quando todos sabem qual é o objetivo, independentemente da forma, o trabalho do líder é contextualizar.

Essa, aliás, é a base de gestão da Netflix. No site da companhia, há um texto longo sobre seus traços culturais.[97] Nele, uma frase de *O pequeno príncipe*, de Antoine de Saint-Exupéry, aparece em destaque: "Se você quer construir um navio, não chame as pessoas para juntar madeira ou atribua-lhes tarefas e trabalho, mas as ensine a desejar a infinita imensidão do oceano".

Ninguém na Netflix diz o que você precisa fazer. Você tem a direção, sabe qual é o objetivo e, por isso, a forma como se dará a construção até ele não é relevante. Um dos cinco pilares da cultura da Netflix é "evitamos regras" porque, ao impor limites, bloqueia-se a transformação.

O fundador da Netflix, Reed Hastings, escreveu um ótimo livro sobre isso, *A regra é não ter regras: a Netflix e a cultura da reinvenção*.[98] Bem, não sou eu quem está dizendo que o fato de a Netflix não ter regras permite a sua reinvenção contínua; é o próprio fundador e CEO da empresa.

Cultivar o pensamento da transformação contínua dentro das empresas é fundamental para atingir o "ponto de virada". Como já vimos, todas as empresas vivem ciclos que têm se tornado cada vez mais curtos, e as mudanças contínuas são fundamentais para que se atinjam grandes impactos.

Nem sempre a mudança que causa a transformação é radical. Muitas vezes, pequenos ajustes têm efeitos gigantescos – mas é preciso fazê-los. Nenhuma empresa pode fechar um ciclo sem que outro já esteja aberto. Infelizmente – ou felizmente –, para as Organizações Infinitas, não existe linha de chegada. Estar em constante evolução é a melhor forma de buscar a relevância contínua, mesmo após alguns fracassos.

Steve Jobs, por exemplo, disse certa vez que a Apple perdeu a corrida dos computadores pessoais para a Microsoft. E esse fato, muito provavelmente, serviu de incentivo para que ele vencesse as etapas seguintes da jornada. Da mesma forma, Bill Gates afirmou que a Microsoft perdeu a guerra dos smartphones para a Apple, mas a empresa seguiu buscando novos caminhos para a sua perpetuidade.

Repito mais uma vez: o que importa não é o que você faz, mas o valor que gera. As grandes empresas do passado que ainda são relevantes hoje começaram em atividades que você provavelmente desconhece.

CAPÍTULO 21
A CULTURA

Qual é a coisa mais importante e a menos palpável em uma organização? Provavelmente a cultura. As empresas se esforçam para definir em palavras os traços da cultura que pretendem nutrir. Escrevem seus valores ou princípios para que todos os conheçam e tenham a chance de se conectar ou se adaptar a eles, mas também de discordar e de se desenvolver em torno deles.

Ben Horowitz, um dos mais respeitados investidores do Vale do Silício e cofundador da empresa de investimentos Andreessen Horowitz, apelidada de A16Z, dedicou-se a escrever um livro sobre cultura corporativa, *Você é o que você faz*.[99] O livro traz muitos ensinamentos, inclusive o de que não existe uma cultura certa ou errada, embora hoje seja possível identificar traços de culturas corporativas que estão adoentando as empresas, destruindo suas pessoas e limitando seus horizontes. O que mais chama a atenção, entretanto, precede a introdução e fala sobre o *Bushido*, o código de honra dos samurais, que coloca as virtudes acima dos valores. Valor é o que você almeja, virtude é o que você faz. A cultura reside nas ações, e não nas palavras.

No nosso modelo de Organizações Minimamente Infinitas, identificamos cinco elementos mínimos, mas necessários em uma virtuosa e dignamente sustentável cultura de transformação contínua e inclusiva:

- CT1 | Atitude de aprendiz.
- CT2 | Autonomia responsável.
- CT3 | Fábrica de experimentos.
- CT4 | Incentivos diversos.
- CT5 | Academia de talentos.

CT1 | ATITUDE DE APRENDIZ

Existem muitas coisas que podemos aprender com outras culturas, e a agilidade cultural nos ajuda a descobrir quais são. No zen-budismo, a palavra *shoshin* significa mente de principiante, ou espírito de aprendiz. Apesar de antiga, parece muito contemporânea e é ideal para entendermos o "novo" agora. A quantidade de conhecimento sendo criado, descoberto e recombinado neste instante é enorme; portanto, ter a consciência de "que não sabemos tudo" não é vulnerabilidade, apenas lucidez.

Criado pelos psicólogos David Dunning e Justin Kruger, o Efeito Dunning-Kruger descreve o viés cognitivo das pessoas que sabem pouco acharem que sabem muito, e das que sabem muito acharem que sabem pouco. Faz bastante sentido imaginar que quem pouco sabe nem sabe o que não sabe, mas quem sabe muito consegue ter dimensão de tudo o que ainda não sabe. Parece um jogo bobo de palavras, mas não é. A verdade é que, quando descobre a resposta para uma pergunta difícil, você habilita-se a fazer duas perguntas melhores do que a anterior.

Para mirar o infinito, é preciso ter esse traço na cultura da organização. Mas, como cultura é reflexo do que fazemos, o desafio é desenvolver uma organização que tenha não apenas uma mentalidade, mas uma atitude de aprendiz. A nossa proposta é criar uma cultura de aprendizado contínuo, o que apelidamos de "heutagogia corporativa". O termo "heutagogia" é utilizado para descrever o aprendizado adulto autodirigido, com disciplina, motivação e autodidatismo. E o termo "tecno-heutagogia" é usado quando empregamos tecnologia para ajudar nisso.

Existem várias iniciativas que as empresas podem promover para estimular o aprendizado continuado autodirigido. Vamos pensar juntos: imagine que a sua empresa defina um conjunto de tópicos, de desafios estratégicos, em uma nuvem de *tags* para estimular o pessoal a refletir sobre o que seria interessante aprender. As pessoas ou os times poderiam combinar aleatoriamente esses tópicos a sua maneira para selecionar o que mais lhes interessa investigar.

Imagine ainda que essas pessoas seriam desafiadas a "fazer algo", como criar uma aula sobre o tópico escolhido, ajudando os outros a aprender também – embora o aprendizado seja maior para quem ensina; ou criar um protótipo, funcional ou não, com o resultado desse aprendizado; ou ainda desenvolver uma redação, uma carta para o futuro, ou talvez até um documento no estilo "seis páginas", *press release* ou FAQ, como faz internamente a Amazon, técnica conhecida como *working backwards* e que desafia os executivos a pensar e pesquisar profundamente, além de promover empatia com o cliente como uma maneira de criar soluções mais inovadoras.

Vamos aprofundar ainda mais essa ideia. Imagine agora que cada indivíduo da empresa pudesse, ou devesse, ter o seu *Objective & Key Results* (OKR)[100] de "heutagogia". OKR, resumidamente, é uma técnica que sugere definirmos um objetivo ousado que não possui uma métrica (O) e, a partir deste, definir atividades práticas e pragmáticas que precisam ser mensuráveis (KR). Então, o que cada um pode fazer é definir um objetivo ousado de aprendizado para o próximo trimestre e as realizações pragmáticas que pretende alcançar. Imagine que eu defina que o meu objetivo ousado é me tornar uma referência em *machine learning* dentro da empresa (ML é um subcampo da Inteligência Artificial) e, para isso, as minhas realizações seriam: ler cinco livros sobre o tema, fazer dois cursos on-line e criar sete posts no blog da empresa. Se a gente consegue imaginar e faz sentido, o que nos impede de fazer?

As Organizações Infinitas adoram aprender. Elas incentivam que todas as pessoas tenham autonomia e responsabilidade para definir o que e como pretendem aprender, simplesmente porque a organização tem consciência de que "não sabe o que ainda não sabe".

http://organizacoesinfinitas.com.br/ct1

CT2 | AUTONOMIA RESPONSÁVEL

Liberdade é uma faca de dois gumes, pois o poder de decidir traz consigo a responsabilidade pelas escolhas feitas. O grau de liberdade nas empresas é geralmente definido pelo "nível de autonomia" – que deveria ir além das escalas de aprovação de despesas. A liberdade responsável é certamente um enorme desafio para todos os tipos de organizações, pois, ao mesmo tempo que cria um ambiente de

<u>confiança e torna a empresa ágil, precisa proteger a empresa, suas pessoas e, inclusive, quem toma as decisões.</u> Tomar decisões está no centro deste desafio.

Jeff Bezos criou uma cultura que ajudou sua empresa, a Amazon, a tomar decisões e a lidar com as falhas. Ele resumiu as decisões em tipo 1 e tipo 2.[101] As decisões tipo 1 são as mais complexas, pois podem ser irreversíveis. Como portas que, se você ultrapassar, não pode retornar, essas decisões devem ser tomadas com cautela, sem pressa e com muita deliberação. Alguns mecanismos devem ser estabelecidos para proteger a empresa e ajudar os executivos nesse tipo de escolha. Mas a maior parte das decisões de uma empresa são as tipo 2, aquelas portas pelas quais você passa e, se precisar, pode retornar. Na medida em que as empresas crescem, a tendência é usarem os processos e controles que apoiam as decisões tipo 1 e aplicá-los nas decisões tipo 2, mas isso torna a empresa lenta, avessa a riscos, com pouca capacidade de experimentar e inovar. O contrário – usar o modelo mais informal e fluido das decisões tipo 2 e aplicá-lo nas decisões estrategicamente mais complexas que podem criar danos permanentes à empresa – também é perigoso. E aqui, novamente, a ambidestria mostra a sua pertinência.

O que baliza a capacidade de tomar decisões de maneira ágil, mas não imprudente, é o modo como a empresa lida com as falhas. Quanto a isso, Bezos explica: "Sempre saliento que existem dois tipos diferentes de falha. Existe a falha experimental – esse é o tipo de falha com o qual você deveria estar feliz. E há falha operacional".[102] Esta última é resultado da má execução e não deveria deixar ninguém feliz. A falha experimental, por outro lado, não deveria ser punida, pois é uma descoberta, um aprendizado. Criar uma cultura de experimentação, que adota técnicas para testes curtos, baratos e que não causam danos, é um balizador importante para conseguir desenvolver uma cultura de liberdade responsável.

As Organizações Infinitas conseguem desenvolver mecanismos que permitem manter o equilíbrio entre liberdade e responsabilidade.

http://organizacoesinfinitas.com.br/ct2

CT3 | FÁBRICA DE EXPERIMENTOS

Vamos tentar ligar os pontos. Para conectar a tolerância ao erro com a liberdade, a tomada de decisão com a inovação e isso tudo com o infinito, precisamos aprender a experimentar. Novamente utilizando exemplos da Amazon, pois estão bem documentados, vejamos como Jeff Bezos explica o que ele próprio fez:

> Uma área em que acho que nos destacamos [aqui na Amazon] é o fracasso. Acredito que somos o melhor lugar do mundo para falhar (temos muita prática!), e o fracasso e a invenção são gêmeos inseparáveis. Para inventar, você tem que experimentar, e, se você sabe com antecedência se vai funcionar, não é um experimento. A maioria das grandes organizações abraça a ideia da invenção, mas não está disposta a encarar a série de fracassos experimentais necessários para chegar lá.[103]

Jeff Lawson, CEO da Twilio, também parece conectar os pontos dessa maneira quando afirma que a tolerância ao erro – tanto pessoal como organizacionalmente – é a chave para destrancar a inovação. Ele reforça, entretanto, que as pessoas têm medo de falhar

Se a gente consegue imaginar e faz sentido, o que nos impede de fazer?

(você já ouviu falar aqui da *atychiphobia*). Ele recomenda: "Construir uma organização que encoraja e premia realizações incrementais orientadas a grandes objetivos aumenta a sua chance de inovar com sucesso e reduz os custos dos erros inevitáveis. E esta é a essência da experimentação". E ele insiste: "A experimentação é pré-requisito para a inovação".[104]

A palavra "experimento" pode soar, para alguns, como uma aventura inconsequente ou uma falta de planejamento, mas é esse preconceito que mantém empresas presas ao passado, restritas ao que já sabem. A falta de *shoshin*, da autonomia responsável e de mecanismos que incentivam e premiam a experimentação é a maior causa de insucesso das boas empresas. Se a sua empresa está sofrendo alguma dor hoje, esteja certo de que isso é consequência de um experimento que não teve coragem de fazer ontem, algo que procrastinou aprender.

Se você deseja conhecer uma fábrica de pequenos experimentos, visite a Area 120, do Google.[105] Mas, se deseja conhecer uma fábrica de grandes experimentos, visite a X, a fábrica de *moonshots* do Google.[106]

As Organizações Infinitas sabem que, se não aprenderem a experimentar, não aprenderão a inovar. E elas sabem também que o mundo digital é uma plataforma para acelerar experimentos e aprender mais rápido do que os outros.

http://organizacoesinfinitas.com.br/ct3

A CULTURA

CT4 | INCENTIVOS DIVERSOS

O que realmente motiva as pessoas? O autor Daniel Pink, em seu livro *Motivação 3.0 – Drive*,[107] faz uma revelação intrigante. Ele demonstra que a ciência vem provando, já há algumas décadas, que os modelos de compensação das empresas – incentivos e remuneração – não estão alinhados com o que realmente motiva as pessoas. Em determinados experimentos, o incentivo financeiro (extrínseco) até prejudica a criatividade e a capacidade de resolver problemas. Os maiores motivadores (intrínsecos) que o autor defende são autonomia, *mastery* (aperfeiçoamento) e propósito.

John Doerr, o mestre do modelo de gestão conhecido como OKRs, alerta que "quando os objetivos são utilizados e abusados para definir a remuneração [...] os funcionários começam a jogar na defesa; eles param *de se puxar e ousar*. Eles ficam entediados com a falta de desafios".[108] Mas o tema de remuneração e benefícios, cargos e salários, hierarquia e poder, é complexo. Nas grandes empresas, existem profissionais gabaritados e até times inteiros tentando continuamente aperfeiçoar essas práticas. Mas, mesmo assim, a grande empresa ainda se surpreende quando uma pessoa talentosa decide renunciar ao emprego e migrar para uma empresa menor, talvez uma startup, com remuneração inferior à atual. Simplesmente não parece fazer sentido – a não ser que Daniel Pink esteja certo.

As empresas precisam ter suas políticas de remuneração e premiação, mas não podem fazer um desserviço para a organização. As pessoas dentro de uma empresa se comparam entre si e também com as opções externas. Nos comparamos, mas somos diferentes, vivemos momentos de vida diferentes. Uns querem trabalhar em home office; outros querem mais tempo de férias; outros, curtir mais os filhos ou cuidar dos avós; uns desejam mudar de áreas ou projetos com frequência, outros nem tanto. Será que no futuro haverá um modelo de incentivos diversos no qual as pessoas poderão fazer as próprias escolhas conforme suas necessidades, seus momentos de vida e suas ambições? Hoje já existem as "cestas de benefícios" dos Recursos Humanos, mas será que isso vai ser completamente transformado para que a empresa possa tratar cada indivíduo com suas particularidades?

Entre todas as dificuldades que o tema impõe, talvez o maior desafio das organizações que ambicionam o infinito seja eliminar o pensamento beligerante de dono *versus* empregado. Todos deveriam ter comprometimento com o todo e, desta maneira, os benefícios provenientes das conquistas deveriam ser para todos. Os modelos de premiação por resultados, as oportunidades de *stock options* e *partnership* possivelmente estarão cada vez mais presentes nos modelos de incentivos para os indivíduos. Do contrário, os talentos não virão – ou não ficarão. As Organizações Infinitas sabem que todos somos diferentes, e que precisamos ser tratados individualmente, mas todos têm o mesmo direito de participar do sonho grande.

http://organizacoesinfinitas.com.br/ct4

CT5 | ACADEMIA DE TALENTOS

O trabalho faz parte da vida: "trabalhamos para viver e vivemos para trabalhar, e somos capazes de encontrar sentido, satisfação e orgulho em quase qualquer trabalho".[109] James Suzman, no seu profundo trabalho de pesquisa apresentado na obra *Work* [Trabalho], critica a histeria criada em torno da "guerra por talentos", sugerindo que foi uma estratégia das consultorias para persuadir empresas a contratar, com dinheiro grosso, os serviços frágeis de que eventualmente nem precisavam. Ou seja, foi uma estratégia para inflacionar seus serviços.

Mesmo que a palavra "talentos" deixe espaço para críticas, a verdade é que as empresas precisam de pessoas boas. Muito boas. As melhores que conseguirem. Mais do que atrair talentos, as empresas precisam atrair pessoas diferentes com habilidades incríveis e criar um ambiente para que elas possam florescer e se renovar. E, como os talentos se manifestam nas pessoas mais diferentes, a diversidade e a inclusão se tornam superpoderes.

As empresas, por meio de sua área de Recursos Humanos (ou área de gente, de pessoas ou como queira nomear), têm criado estratégias e mecanismos para "capturar e reter" talentos. Esses dois verbos soam um pouco estranhos, visto que a intenção não é prender ninguém. Há iniciativas que buscam criar "marcas empregadoras" (*employer branding*) para que as pessoas boas tenham interesse em trazer seus talentos para a empresa. Existem projetos para melhorar a experiência do colaborador (ou funcionário, ou empregado, ou como queira chamar), como *employee experience*, para que as pessoas boas saibam que ali é um lugar para desenvolverem ainda mais as suas habilidades atuais e futuras.

Todas as práticas mínimas que imaginamos para as Organizações Infinitas conectam pessoas a pessoas. São sempre pessoas buscando criar valor para outras pessoas e, dessa forma, alcançar a própria plenitude. Esse é o delicioso resultado de aprender, empreender, inovar e respeitar.

A evidente aceleração das mudanças em todos os setores da economia exige que a empresa que queira investir no seu infinito aprenda, no mínimo, na mesma velocidade que o mercado, os seus clientes e os ecossistemas de que participa. Os adultos de hoje entendem que o *lifelong learning* – o aprendizado durante toda a vida – passa a ser o normal da vida. Da mesma forma, as Organizações Infinitas precisam fazer do *lifelong learning* o normal da sua jornada, precisam se transformar em academias de talentos. Todas as empresas vão precisar se tornar escolas.

As Organizações Infinitas são escolas que desenvolvem o talento das pessoas e nos fazem melhores a cada dia. São organizações que nos desafiam, nos transformam, nos orgulham – e nos emocionam.

http://organizacoesinfinitas.com.br/ct5

PARTE

8

ESCALA DO INFINITO

❝ Quem olha para fora sonha, quem olha para dentro acorda. **❞**

CARL JUNG

Percorremos até aqui uma longa jornada pelos segredos das Organizações Infinitas. Mas, no fim, ninguém melhor do que você para lhe dizer como a sua organização pode realmente se tornar infinita. Apenas você poderá descobrir.

O seu próximo passo, então, deve ser olhar para dentro da sua empresa e fazer uma autorreflexão. Para ajudar, criamos uma ferramenta que vai guiá-lo na identificação dos pontos em que precisa atuar para construir uma Organização Minimamente Infinita.

Acesse abaixo e descubra onde sua empresa se encontra na escala do infinito e, então, monte suas hipóteses de como reduzir *gaps*, rodar experimentos e fazer a transformação acontecer.

Porém, se a mudança é uma constante, as reflexões e ações também devem ser. Trate esse autodiagnóstico como um filme, e não como uma foto. Portanto, de tempos em tempos, retorne e reavalie-se. Só com uma vigilância constante sua empresa poderá atingir a perpetuidade.

http://organizacoesinfinitas.com.br/escalainfinita

PARTE

9

AO INFINITO E ALÉM

> **❝** Eu sou o início, o fim e o meio. **❞**
> **RAUL SEIXAS**

CAPÍTULO 22
O INÍCIO

O infinito nunca tem a ver com um início ou um fim, mas com movimento. Um movimento contínuo dentro de uma imensidão impossível de capturar. Tão distante do começo que se torna uma memória turva, mas tão longe do destino que este é apenas um ideal.

Na mitologia grega, Sísifo era um mortal que usou sua inteligência para literalmente enganar a morte algumas vezes. Zeus, furioso com sua rebeldia, o condenou a repetir eternamente a tarefa de empurrar uma gigante pedra até o topo de uma montanha e, sempre que se aproximava do topo, a pedra rolava novamente montanha abaixo. Ele podia empurrar a pedra da maneira que quisesse, mas não havia a possibilidade de parar de empurrar. Um eterno retorno ao mesmo ponto de partida.

Se a jornada de uma Organização Infinita precisa ter um começo, então que seja este: o eterno retorno. Um recomeço sem fim. Mas não sob a forma de um castigo, e sim como destino. O destino de criar seu futuro todos os dias. Afinal, é sempre Dia 1 na vida de uma Organização Infinita.

Em nossa cabeça, o recomeço contínuo não é uma tarefa natural ou lógica. Afinal, construímos as coisas para durarem para sempre, sem pensar no dia em que vão terminar. Por isso, começar de novo não é algo fácil. Exige fôlego, motivação, resiliência, coragem e outras diversas qualidades heroicas.

"Estamos morrendo ou prestes a nascer?", pergunta Alvin Toffler.[110] Muitos se perdem nessa imensidão em que o movimento contínuo parece sem sentido e falta um ponto de referência final. A força motriz para o eterno retorno não vem, portanto, da certeza. Ao contrário, Organizações Infinitas nutrem mais respeito por suas dúvidas do que por suas certezas. É das perguntas que flui sua energia vital. O recomeço contínuo vem sempre por meio de uma hipótese, uma curiosidade, uma inquietude, uma possibilidade, uma probabilidade. Um poderoso adubo para que em seu terreno floresça a inventividade e criatividade necessárias para encontrar novos caminhos e promover novos começos.

O amor à incerteza é, portanto, a chama da perpetuidade. Uma improvável relação entre nós, os obcecados pela previsibilidade, e um mundo que teima em ser ambíguo e volátil. Só por meio desse enlace amoroso se torna possível uma jornada realmente infinita. Um eterno recomeço em que todos os dias nos apaixonamos completamente por aquilo que não entendemos por completo. E ainda assim seguimos na jornada, mesmo sabendo que o único controle que temos é o da nossa vontade de fazer com que dure para sempre. Se isso não é amor, eu não sei o que é. Afinal, amar significa estar em uma relação com o mistério e concordar com sua completa falta de solução.

E que seja eterno enquanto dure…

CAPÍTULO 23
O FIM

"Os grandes sucessos vêm de ter a liberdade para falhar", disse Mark Zuckerberg em 2017, durante um discurso de formatura em Harvard. Eu peço licença para adaptar essa frase para: "A perpetuidade das empresas vem da coragem de reinventá-las".

Esse processo de reinvenção não é motivado pela concorrência nem pelo medo da obsolescência. A busca pela perpetuidade precisa vir de um desejo imenso de fortalecer o propósito da empresa e do máximo desejo de continuar gerando valor para as pessoas.

A empresa de hoje não concorre com ninguém, a não ser com a empresa que ela foi ontem. Todas as empresas que buscarem a reinvenção contínua encontrarão uma nova maneira de se manter relevantes. É assim até mesmo com aquelas que serviram de exemplo neste livro.

Não há nenhuma garantia de que as empresas mais valiosas do mundo hoje – Apple, Microsoft, Amazon e Google – continuarão relevantes nos próximos cinco anos. Vale sempre lembrar que o tempo entre o ápice histórico da Nokia, em 2007, e sua perda completa de relevância foi de apenas seis anos.

No ano 2000, a Blockbuster tinha 7 mil lojas físicas e estava no topo. Foi nesse mesmo ano que a empresa se recusou a pagar 50 milhões de dólares pela Netflix. Em 2010, apenas dez anos depois do seu sucesso histórico, a empresa entrou com o pedido de recuperação judicial nos Estados Unidos. Lá no ano 2000, a Netflix tinha 420 mil assinantes. Em 2010, já somava 16 milhões.

O tempo entre o topo e o fim é muito curto e segue encurtando. Por isso é tão relevante manter-se atento a todos os sinais e criar os pontos de inflexão, encontrando caminhos não óbvios para o início de um novo ciclo de perpetuidade.

Gosto muito de ilustrar isso comparando esses caminhos não óbvios a um jogo de futebol. Lá na minha cidade natal, Areado (MG), existe um campo de futebol de uso público. É um tradicional campo de interior, com buracos, cachorros correndo pelas quatro linhas, mato no lugar da grama e, às vezes, até algumas galinhas.

Agora, imagine se o time de Areado tivesse a chance de enfrentar o Paris Saint-Germain na França. Em 1 milhão de partidas, o time de Areado perderia todas. Mas, se esse time viesse jogar na minha cidade, haveria uma chance de vencermos, porque os craques deles nunca enfrentaram aquele tipo de situação. O Messi não seria o Messi se não pudesse ver a bola no meio do mato ou se tropeçasse em um buraco no meio do campo.

Criar as condições para a vitória é uma estratégia incrível. Criar o próprio campo, com as próprias regras, é como criar um mercado novo e inexplorado. Você corre sozinho por ele até que seus adversários consigam entender o que está acontecendo. Toda vez que você faz isso, renova sua "licença para vencer" e ganha mais um ciclo.

Há um provérbio chinês que diz: "Tecer uma rede é melhor do que rezar por um peixe à beira d'água". Não adianta esperar por algum fator externo que garanta a perpetuidade das empresas. Isso é algo que se constrói através da destruição do que se tem.

A geração de valor para os clientes é a única coisa indestrutível. Quando isso se quebra, nada pode ser refeito.

A geração de valor para os clientes é a única coisa indestrutível. Quando isso se quebra, nada pode ser refeito. Uma inspiração para isso é o McDonald's, que precisou fechar todas as suas lojas durante a pandemia, em partes do ano de 2020 e de 2021. A empresa, que no passado já havia popularizado o sistema *drive-thru*, precisou se reinventar novamente para fazer delivery, o que não era comum na operação.

Mas o McDonald's não quis jogar o mesmo jogo dos outros. Em pouquíssimo tempo, criou o próprio aplicativo, que se tornou um dos aplicativos de delivery mais baixados do planeta, segundo o site Sensor Tower. É um exemplo incrível de movimentação rápida, aliada à estratégia de manter o contato direto com o cliente e não o fazer migrar para plataformas de terceiros, como iFood, Rappi ou Uber Eats.

Em resumo, o McDonald's queria diminuir o prejuízo das lojas fechadas, encontrar um novo canal de distribuição e manter o controle sobre a qualidade de fornecimento dos seus produtos: isso é geração de valor!

Na minha jornada até aqui, como fundador da StartSe, vivi muitos dos dramas relatados neste livro. Nos nossos cursos, compartilhamos apenas aquilo que aplicamos no nosso próprio negócio. Não são verdades absolutas, mas lições aprendidas nos maiores centros de inovação do planeta e com as centenas de empresas com que nos relacionamos constantemente.

Tenho certeza absoluta de que, se continuarmos gerando valor para nossos clientes, encontraremos uma forma de nos manter relevantes. Mas estou convicto também de que não fazer nada é o nosso maior risco. Muitas empresas sofrem com o próprio sucesso, que de certa forma acaba deixando-as cegas. Essa é a grande armadilha. É na zona de desconforto – e não de conforto – que as coisas importantes realmente são construídas.

Outra certeza que tenho é a de que o grande objetivo das empresas é se tornarem Organizações Infinitas. Isso é o que deve ser perseguido. Reforço que ser uma empresa enxuta é parte disso. Ser escalável é parte disso. Ser exponencial é parte disso. Todas essas características, buscadas da maneira correta, garantem novos ciclos de perpetuidade e de prosperidade.

Não existe empresa imbatível, não existe empresa infinita. Tudo é finito, por isso insistimos aqui na pluralidade de "infinitos". Tudo tem um começo, um meio e um fim, sendo que este último pode ser substituído por "recomeço", desde que se faça uma gestão desprendida do **passado**, com olhar para o **futuro** e focada na construção do **agora**.

O "agora" é a única variável da equação sobre a qual se pode fazer algo. Todo conhecimento adquirido ao longo da jornada precisa ser enriquecido com os sinais fracos e fortes que surgem nos nossos radares. E tudo isso precisa ser traduzido em ações práticas que levem à destruição daquilo que o trouxe até aqui para que um novo ciclo possa se abrir.

Encerro com uma frase de Elon Musk, talvez o maior empreendedor em atividade no mundo: "Acho que esse é o melhor conselho de todos: pense constantemente sobre como você pode fazer melhor as coisas e questione a si mesmo".

Só não existe um recomeço para as empresas que se prendem no sucesso do passado.

CAPÍTULO 24
O MEIO

Você chegou até aqui lendo sobre as nossas perspectivas, hipóteses e crenças. E aqui, no último capítulo, utilizamos o divertido título de "início, fim e meio", que parece uma brincadeira, mas não é. Esta é a minha grande lição sobre as Organizações Infinitas.

Nós forçamos a reflexão sobre o infinito pois isso nos ajuda a pensar sobre a nossa existência, a meditar, a buscar equilíbrio, harmonia e paz interior e a elevar o nosso nível de consciência sobre o universo e sobre nós mesmos. Contemplando o símbolo do infinito, vemos duas grandes ondas, a do passado e a do futuro. Então, o que será que existe bem no meio do desenho, onde as duas ondas se cruzam? Talvez exista "o agora".

Existem diversas teorias sobre o tempo, algumas até propõem que ele é relativo. Na teoria da relatividade, Albert Einstein nos ensina que, em um relógio no topo de uma alta montanha, o tempo passa mais rápido que em um relógio na base dessa montanha. Buscando aprender mais sobre o tempo, uma das minhas descobertas mais curiosas é a palavra *kal*. Em hindi, essa palavra é utilizada para descrever tanto o "ontem" como o "amanhã". O tempo verbal da frase é o que define se estamos falando do passado ou do futuro.

A lição, então, é que o mais importante é o agora. <u>Somente existe o agora. Se você planejar fazer algo amanhã, quando o amanhã chegar será um novo agora.</u> Conseguimos apenas viver, pensar e fazer no agora.

Essa reflexão me permite arriscar propor que a vida profissional de todos nós pode ser reduzida a três momentos: (1) nós estamos sempre buscando tentar saber das coisas – mas está cada vez mais difícil saber de tudo; (2) nós estamos sempre precisando tomar decisões – mas, com tantas incertezas, acabamos precisando decidir quando agir e quando procrastinar; (3) e nós devemos fazer a coisa acontecer, agir – mas, ironicamente, esta é a única maneira de vermos o resultado e realmente sabermos das coisas. Pronto, consegui fechar o ciclo do nosso infinito.

Então eu o desafio a agir agora. Utilize o modelo mental e o mapa das Organizações Infinitas para identificar onde estão os seus *gaps*, decidir o que fazer a respeito deles e fazer a coisa acontecer.

Cada vez que você fizer isso, aproveite e conte para os outros o que aprendeu. Dessa forma, você e a sua organização se tornarão infinitos.

SEM FIM!

NOTAS

1 BENVENUTTI, M. **Incansáveis**: como empreendedores de garagem engolem tradicionais corporações e criam oportunidades transformadoras. São Paulo: Editora Gente, 2016.

2 BENVENUTTI, M. **Audaz**: as cinco competências para construir carreiras e negócios inabaláveis nos dias de hoje. São Paulo: Editora Gente, 2018.

3 BENVENUTTI, M. **Desobedeça**: a sua carreira pede mais. São Paulo: Editora Gente, 2021.

4 LAMOUNIER, F. **Silicon Valley – A Way Through**: The Mindset Behind the World's Largest Innovation and Technology Cluster. Publicação independente.

5 GLITZ, E.; MAISONNAVE, M.; ENGLERT, P. **Empreendedores**: agilidade, resultados, cultura de dono e um negócio capaz de revolucionar o mercado. São Paulo: Editora Gente, 2019.

6 "Discorde e comprometa-se." (Tradução livre). A frase foi usada por Bezos em sua carta aos *shareholders* da Amazon em 2016. AMAZON STAFF. 2016 Letter to Shareholders. **Amazon**, 17 abr. 2017. Disponível em: https://www.aboutamazon.com/news/company-news/2016-letter-to-shareholders?tag=wwwinccom-20. Acesso em: 28 jul. 2021.

7 CANNETI, E. **Massa e poder.** São Paulo: Companhia das Letras, 2019. p. 285.

8 Tradução minha do discurso de Jack Ma. Disponível em: https://youtu.be/00Gxe0fphyQ. Acesso em: 2 ago. 2021.

9 PARRISH, S.; BEAUBIEN, R. **The Great Mental Models Volume 1**: General Thinking Concepts. Otawa: Farnam Street, 2018. p. 159. (Tradução livre). Explicação: se cada variável tem 99% de chance de estar certa, com três variáveis, a chance de estar certo é 97% ($0,99^3$), mas, com trinta variáveis, a chance é 74% ($0,99^{30}$).

10 CLIFFORS, C. Why Elon Musk Wants His Employees to Use an Ancient Mental Strategy Called "First Principles". **CNBC**, 18 abr. 2018. Disponível em: https://www.cnbc.com/2018/04/18/why-elon-musk-wants-his-employees-to-use-a-strategy-called-first-principles.html. Acesso em: 2 ago. 2021.

11 IRWIN, T. **Aristotle's First Principles**. New York: Clarendon Paperback, 1988. p. 145. E-book Kindle. (Tradução livre.)

12 VAROL, O. **Think Like a Rocket Scientist**: Simple Strategies You Can Use to Make Giant Leaps in Work and Life. New York: PublicAffairs, 2020.

13 AMBROSE, S. A.; BRIDGES, M. W.; DIPIETRO, M.; LOVETT, M. C.; NORMAN, M. K. **How Learning Works**: Seven Research-Based Principles for Smart Teaching. New Jersey: Jossey-Bass Professional Learning, 2010. E-book. (Tradução livre.)

14 RICHARD Feynman on Teaching Math to Kids and the Lessons of Knowledge. **Farnam Street**, 2021. Disponível em: https://fs.blog/2016/07/richard-feynman-teaching-math-kids/. Acesso em: 2 ago. 2021.

15 VAROL, O. **Think Like a Rocket Scientist**: Simple Strategies You Can Use to Make Giant Leaps in Work and Life. New York: PublicAffairs, 2020. p. 2. E-book Kindle. (Tradução livre.)

16 TALEB, N. N. **A lógica do cisne negro**: o impacto do altamente improvável. Rio de Janeiro: BestSeller, 2008.

17 SENNETT, R. **A corrosão do caráter**: o desaparecimento da virtude com o novo capitalismo. Rio de Janeiro: BestSeller, 2012. p. 33.

18 HARAWAY, D.; KUNZRU, H.; TADEU, T. (org.) **Antropologia do ciborgue**: as vertigens do pós-humano. São Paulo: Autêntica, 2009.

19 ŽIŽEK, S. **Bem-vindo ao deserto do Real!** São Paulo: Boitempo, 2008. p. 31.

20 CANETTI, E. **Massa e poder**. São Paulo: Companhia das Letras, 2019. p. 138.

21 STEVE Jobs – Connecting the dots. 2005. Vídeo (2min9s). (Tradução livre.) Disponível em: https://youtu.be/E8kHDJKdJXM. Acesso em: 2 ago. 2021.

22 MARK ZUCKERBERG. 4 fev. 2021. (Tradução livre.) Disponível em: https://www.facebook.com/zuck/posts/10112754185441931. Acesso em: 2 ago. 2021.

23 WORLDWIDE Desktop Market Share of Leading Search Engines from January 2010 to February 2021. **Statista**, 12 mar. 2021. Disponível em: https://www.statista.com/statistics/216573/worldwide-market-share-of-search-engines/#:~:text=Ever%20since%20the%20introduction%20of,share%20as%20of%20January%202021. Acesso em: 2 ago. 2021.

24 CANADA. Deloitte. **The Infinite Organization**: Realizing Lasting Success. Disponível em: https://www2.deloitte.com/content/dam/Deloitte/ca/Documents/fcc/The-infinite-organization-EN-WEB.pdf. Acesso em: 2 ago. 2021.

25 Idem. p. 4.

26 ANDREWS, D.; MCGOWAN, M.; MILLOT, V. Confronting the Zombies: Policies for Productivity Survival. **OECD Economic Policy Papers**, n. 21, 2017. Disponível em: https://www.oecd-ilibrary.org/economics/confronting-the-zombies_f14fd801-en. Acesso em: 2 ago. 2021.

27 IBGC. Disponível em: https://www.ibgc.org.br/conhecimento/governanca-corporativa>. Acesso em: 2 ago. 2021.

28 DAYTON, K. N. Corporate Governance: The Other Side of the Coin. **Harvard Business Review**, jan. 1984. Disponível em: https://hbr.org/1984/01/corporate-governance-the-other-side-of-the-coin>. Acesso em: 2 ago. 2021.

29 BEZOS, J.; ISAACSON, W. **Invent and Wander**: The Collected Writings of Jeff Bezos. Massachusetts: Harvard Business Review Press, 2021.

30 BEZOS, J.; ISAACSON, W. Fending Off Day 2 (2016). **Invent and Wander**: The Collected Writings of Jeff Bezos. Massachusetts: Harvard Business Review Press, 2021. p. 21.

31 BEZOS, J.; ISAACSON, W. Fending Off Day 2 (2016). **Invent and Wander**: The Collected Writings of Jeff Bezos. Massachusetts: Harvard Business Review Press, 2021. p. 146. E-book Kindle.

32 ROSSMAN, J. **Think Like Amazon**: 50 1/2 Ideas to Become a Digital Leader. New York: McGraw-Hill Education, 2019. p. 15.

33 ALIBABA IPO: Jack Ma's Original Sales Pitch In 1999. 2014. Vídeo (2min10s). Publicado pelo canal Bloomberg Quicktake. Disponível em: https://www.youtube.com/watch?v=Up9-C4_8dVo. Acesso em: 31 ago. 2021.

34 ALIBABA IPO: Jack Ma's Original Sales Pitch in 1999. 2014. Vídeo (2min10). (Tradução livre.) Disponível em: https://youtu.be/Up9-C4_8dVo. Acesso em: 31 ago. 2021.

35 CHEN, L. Alibaba's IPO by the Numbers: Bigger than Google, Facebook and Twitter Combined. **Forbes**, 19 set. 2014. Disponível em: https://www.forbes.com/sites/liyanchen/2014/09/19/alibabas-ipo-by-the-numbers-bigger-than-google-facebook-and-twitter-combined/?sh=93645007c2e2. Acesso em: 2 ago. 2021.

36 COMPANY Overview. **Alibaba Group**. Disponível em: https://www.alibabagroup.com/en/about/overview. Acesso em: 2 ago. 2021.

37 WHAT is a Unicorn. **Corporate Finance Institute**, 2015-2021. Disponível em: https://corporatefinanceinstitute.com/resources/knowledge/finance/unicorn. Acesso em: 2 ago. 2021.

38 99 é comprada pela chinesa Didi e se torna 1º unicórnio brasileiro. StartSe, 2 jan. 2018. Disponível em: https://www.startse.com/noticia/startups/99-e-comprada-pela-chinesa-didi-e-se-torna-1o-unicornio-brasileiro-2018. Acesso em: 2 ago. 2021.

39 MENEZES, F. Z. 2017 to 2019: A Chronology of Latin American Unicorns. **LABS**, 18 set. 2019. Disponível em: https://labsnews.com/en/articles/technology/unicorns-chronology-latin-america/. Acesso em: 2 ago. 2021.

40 THE Complete List of Unicorn Companies. **CB Insights**. Disponível em: https://www.cbinsights.com/research-unicorn-companies. Acesso em: 2 ago. 2021.

41 SÃO PAULO. Magazine Luiza S. A. **Divulgação de resultados do quarto trimestre de 2019 (em IFRS)**. São Paulo, 2020. Disponível em: https://ri.magazineluiza.com.br/ListResultados/Central-de-Resultados?=0WX0bwP76pYcZvx+vXUnvg==. Acesso em: 2 ago. 2021.

42 CHARAN, R.; YANG, J. **The Amazon Management System**: The Ultimate Digital Business Engine That Creates Extraordinary Value for Both Customers and Shareholders. Washinton: Ideapress Publishing, 2019. p. 5.

43 LOEBLEIN, G. "Startup é a maior democratização a que já assistimos", afirma especialista. **Zero Hora**, 28 jun. 2019. Disponível em: https://gauchazh.clicrbs.com.br/economia/campo-e-lavoura/noticia/2019/06/startup-e-a-maior-democratizacao-da-inovacao-a-que-ja-assistimos-afirma-especialista-cjxc667uw00qh01pkwt30xhse.html. Acesso em: 2 ago. 2021.

44 RIES, E. **A startup enxuta**: como usar a inovação contínua para criar negócios radicalmente bem-sucedidos. Rio de Janeiro: Sextante, 2019.

45 RIES, E. The Long-Term Stock Exchange Opens for Business. **LTSE**, 9 set. 2020. Disponível em: https://ltse.com/blog/the-long-term-stock-exchange-opens-for-business#start. Acesso em: 2 ago. 2021.

46 ROMM, J. Former GE Chief Jack Welch Says Obsession with Short-Term Profits Was 'Dumb Idea'. **GRIST**, 17 mar. 2019. Disponível em: https://grist.org/article/2009-03-16-former-ge-chief-jack-welch/. Acesso em: 2 ago. 2021.

47 CALACANIS, J. **Angel**: How to Invest in Technology Startups – Timeless Advice from an Angel Investor Who Turned $100.000 into $100.000.000. New York: Harper Business, 2017. p. 16.

48 GOLDHILL, J. **Disruptive Successor**: A Guide for Driving Growth in Your Family Business. Arkansas: Houndstooth Press, 2020. Edição Kindle.

49 LTSE. **A Principles-Based Approach**. 2021. Disponível em: https://longtermstockexchange.com/listings/principles. Acesso em: 2 ago. 2021.

50 HOW Great Leaders Inspire Action. 2009. Vídeo (17min28s). Disponível em: https://www.ted.com/talks/simon_sinek_how_great_leaders_inspire_action. Acesso em: 2 ago. 2021.

51 SINEK, S. **Comece pelo porquê**: como grandes líderes inspiram pessoas e equipes a agir. Rio de Janeiro: Sextante, 2018.

52 SINEK, S. **O jogo infinito**. Rio de Janeiro: Sextante, 2019.

53 Idem. p. 10.

54 BAUMAN, Z. **A sociedade individualizada**: vidas contadas e histórias vividas. Rio de Janeiro: Zahar, 2008.

55 ZIBARDO, P.; BOYD, J. **The Time Paradox**: The New Psychology of Time That Will Change Your Life. New York: Atria Books, 2008.

56 NIETZSCHE, F. **Assim falou Zaratustra**. São Paulo: Companhia das Letras, 2011.

57 LIPOVETSKY, G. **Os tempos hipermodernos**. Coimbra: Edições 70, 2011.

58 ISMAIL, S.; MALONE, M. S.; VAN GEEST, Y. **Organizações exponenciais**: por que elas são dez vezes melhores, mais rápidas e mais baratas que a sua (e o que fazer a respeito). Rio de Janeiro: Alta Books, 2019. E-book Kindle.

59 ARIES, P. **O homem diante da morte**. São Paulo: Editora UNESP, 2014.

60 ISMAIL, S.; MALONE, M. S.; VAN GEEST, Y. **Organizações exponenciais**: por que elas são dez vezes melhores, mais rápidas e mais baratas que a sua (e o que fazer a respeito). Rio de Janeiro: Alta Books, 2019.

61 EXTRAORDINARY Organizations. Disponível em: https://www.extraordinary organizations.com/. Acesso em: 2 ago. 2021.

62 LALOUX, F. **Reinventando as organizações**: um guia ilustrado para criar organizações inspiradas no próximo estágio da consciência humana. Belo Horizonte: Editora Voo, 2021.

63 KORZYBSKI, A. **A Non-Aristotelian System and Its Necessity for Rifour in Mathematics and Physics**. New Orleans: American Association for the Advancement of Science, 1931. Disponível em: http://esgs.free.fr/uk/art/sands-sup3.pdf. Acesso em: 2 ago. 2021.

64 BAUMAN, Z. **A sociedade sitiada**. São Paulo: Instituto Piaget, 2010.

65 CYRULNIK, B. **Dizer é morrer**: a vergonha. São Paulo: WMF Martins Fontes, 2012.

66 ISMAIL, S.; MALONE, M. S.; VAN GEEST, Y. **Organizações Exponenciais**: por que elas são 10 vezes melhores, mais rápidas e mais baratas que a sua (e o que fazer a respeito). Rio de Janeiro: Alta Books, 2018. E-book Kindle.

67 COLLINS, J.; PORRAS, J. I.; VAN GEEST, Y. **Built to last**: successful habits of visionary companies. New York: Harper Business, 2004. E-book Kindle.

68 COLLINS, J. **Be 2.0 (Beyond Entrepreneurship 2.0)**: Turning Your Business into an Enduring Great Company. New York: Portfolio Penguin, 2019.

69 FULGHUM, R. **All I Really Need to Know I Learned in Kindergarten**: Uncommon Thoughts on Common Things. New York: Ballantine Books, 2003.

70 AOUN, J. E. **Robot-Proof**: Higher Education in the Age of Artificial Intelligence. Massachusetts: MIT Press, 2018.

71 CERTIDIED B Corporation. Disponível em: https://bcorporation.net/about-b-corps. Acesso em: 2 ago. 2021.

72 PORTER, M. **Competitive Advantage**: Creating and Sustaining Superior Performance. Washington: Free Press, 2008.

73 ROSSMAN, J. **Think Like Amazon**: 50 1/2 Ideas to Become a Digital Leader. New York: McGraw-Hill Education, 2019. p. 66.

74 Um *lead* é um possível cliente de quem a empresa captou o contato para oferecer produtos ou serviços.

75 ELLIS, S.; BROWN, M. **Hacking Growth**: a estratégia de marketing inovadora das empresas de crescimento mais rápido. Rio de Janeiro: Alta Books, 2018.

76 HOFFMAN, R.; YEH, C. **Blitzscaling**: o caminho mais rápido para construir negócios extremamente valiosos. Rio de Janeiro: Alta Books, 2019. p. 12. E-book Kindle.

77 CHRISTENSEN, C. **O dilema da inovação**: quando as novas tecnologias levam empresas ao fracasso. São Paulo: M.Books, 2012.

78 CHRISTENSEN, C.; RAYNOR, M.; MCDONALD, R. What is Disruptive Innovation? Twenty Years After the Introduction of the Theory, We Revisit What It Does – and Doesn't – Explain. **Harvard Business Review**, dez. 2015. Disponível em: https://hbr.org/2015/12/what-is-disruptive-innovation. Acesso em: 2 ago. 2021.

79 VAROL, O. **Think Like a Rocket Scientist**: Simple Strategies You Can Use to Make Giant Leaps in Work and Life. New York: PublicAffairs, 2020. p. 68.

80 ZENG, M. **Alibaba**: estratégia de sucesso. São Paulo: M.Books, 2019.

81 PARKER, G. G.; VAN ALSTYNE, M. W.; CHOUDARY, S. P. **Plataforma**: a revolução da estratégia. São Paulo: Alta Books, 2019.

82 BAUMAN, Z. **A sociedade sitiada**. São Paulo: Instituto Piaget, 2010.

83 BBC NEWS BRASIL. Airbnb em crise com o coronavírus: 'Levamos 12 anos para construir a empresa e perdemos quase tudo em semanas'. **Folha UOL**, 27 jun. 2020. Disponível em: https://www1.folha.uol.com.br/mercado/2020/06/airbnb-em-crise-com-o-coronavirus-levamos-12-anos-para-construir-a-empresa-e-perdemos-quase-tudo-em-semanas.shtml. Acesso em: 15 ago. 2021.

84 TALEB, N. N. **Antifrágil**: coisas que se beneficiam com o caos. Rio de Janeiro: Objetiva, 2020.

85 ROBERTSON, B. J. **Holacracia**: o novo sistema de gestão que propõe o fim da hierarquia. São Paulo: Benvirá, 2016.

86 DECENTRALIZED Autonomous Organization. **Ethereum**, 2021. Disponível em: https://ethereum.org/en/dao/. Acesso em: 2 ago. 2021.

87 THE Pursuit for Legislative Legitimacy: Crypto Corporations and Wyoming's Blockchain Bill. **Nasdaq**, 27 abr. 2021. Disponível em: https://www.nasdaq.com/articles/the-pursuit-for-legislative-legitimacy%3a-crypto-corporations-and-wyomings-blockchain-bill. Acesso em: 2 ago. 2021.

88 LALOUX, F. **Reinventando as organizações**: um guia para criar organizações inspiradas no próximo estágio da consciência humana. Curitiba: Voo, 2017.

89 GRAHAM, P. What You'll Wish You'd Known. **Paul Graham**, jan. 2005. Disponível em: http://www.paulgraham.com/hs.html. Acesso em: 2 ago. 2021.

90 WORLD'S First Open Source Insurance Policy. **Lemonade**, 2019–2021. Disponível em: https://www.lemonade.com/policy-two. Acesso em: 2 ago. 2021.

91 RIGBY, D.; ELK, S.; BEREZ, S. **Ágil do jeito certo**: transformação sem caos. São Paulo: Benvirá, 2020. p. 17. E-book Kindle.

92 BRYAR, C.; CARR, B. **Working Backwards**: Insights, Stories, and Secrets from Inside Amazon. New York: St. Martin's Press, 2021. p. 75.

93 LAWSON, J. **Ask Your Developer**: How to Harness the Power of Software Developers and Win in the 21st Century. New York: Harper Business, 2021. p. 41.

94 BUTERIN, V. I can easily see many jobs in the next 10-20 years changing their workflow to "human describes, AI builds, human debugs". 17 jul. 2020. Twitter: vitalik.eth. Disponível em: https://twitter.com/vitalikbuterin/status/1284185128768503808. Acesso em: 2 ago. 2021.

95 ALT, Matt. How Gunpei Yokoi Reinvented Nintendo. **VICE**, 12 nov. 2020. Disponível em: https://www.vice.com/en/article/pkdbx7/how-gunpei-yokoi-reinvented-nintendo. Acesso em: 2 ago. 2021.

96 KNIGHT, P. **A marca da vitória**: a autobiografia do criador da Nike. Rio de Janeiro: Sextante, 2016.

97 NETFLIX. Cultura Netflix. Disponível em: https://jobs.netflix.com/culture?lang=Portugu%C3%AAs. Acesso em: 17 ago. 2021.

98 HASTINGS, R.; MEYER, E. **A regra é não ter regras**: a Netflix e a cultura da reinvenção. Rio de Janeiro: Intrínseca, 2020.

99 HOROWITZ, B. **Você é o que você faz**: como criar a cultura da sua empresa. São Paulo: WMF Martins Fontes, 2021.

100 O OKR é um modelo de gestão criado por Andy Grove, da Intel, e popularizado no livro **Avalie o que importa**, de John Doerr, publicado pela Alta Books em 2019.

101 A referência às decisões *Type 1* e *Type 2* foram usadas por Bezos em sua carta aos *shareholders* da Amazon, em 2015. Disponível em: https://s2.q4cdn.com/299287126/files/doc_financials/annual/2015-Letter-to-Shareholders.PDF. Acesso em: 2 ago. 2021.

102 BEZOS, J.; ISAACSON, W. **Invent and Wander**: The Collected Writings of Jeff Bezos. Massachusetts: Harvard Business Review Press, 2021. p. 230. E-book Kindle.

103 THOMKE, S. H. **A cultura da experimentação**: como os experimentos nos negócios podem melhorar sua capacidade de inovação. São Paulo: Benvirá, 2021. p. 65. E-book Kindle.

104 LAWSON, J. **Ask Your Developer**: How to Harness the Power of Software Developers and Win in the 21st Century. Harper Business, 2021. p. 65. E-book Kindle.

105 Area 120. Disponível em: https://area120.google.com/. Acesso em: 2 ago. 2021.

106 X – The Moonshot Factory. Disponível em: https://x.company/. Acesso em: 2 ago. 2021.

107 PINK, D. H. **Motivação 3.0 – Drive**: a surpreendente verdade sobre o que realmente nos motiva. Rio de Janeiro: Sextante, 2019.

108 DOERR, J. **Avalie o que importa**: como o Google, Bono Vox e a Fundação Gates sacudiram o mundo com as OKRs. Rio de Janeiro: Alta Books, 2019.

109 SUZMAN, J. **Work**: A Deep History, from the Stone Age to the Age of Robots. New York: Penguin Press, 2021.

110 TOFFLER, A. **A terceira onda.** Rio de Janeiro: Record, 1981.

Este livro foi impresso pela gráfica Plena Print
em papel lux cream 70g/m² em setembro de 2024.